山东科技大学学术著作出版基金资助
国家自然科学基金(51474134、51374139、51704185、51574159)资助
教育部新世纪优秀人才支持计划（NCET-13-0880）资助
山东省自然科学杰出青年基金（JQ201612）资助
山东省自然科学基金（2R2013EEM018）资助

巨厚覆岩运移规律与冲击灾害防治研究

朱学军　魏中举　张宗文　陈绍杰　著

U0337511

煤 炭 工 业 出 版 社

·北　京·

内 容 提 要

　　本书综合运用调查归纳、理论分析、室内实验、机械模拟、数值模拟及现场实测等方法，以华丰煤矿巨厚覆岩的特殊采矿地质条件为工程背景，进行了巨厚砾岩深井开采覆岩运动规律与冲击地压灾害防治的相关性研究。通过研究深井巨厚覆岩离层的产生机理、覆岩稳定与失稳两状态下冲击地压的发生机理、地表斑裂机理与岩层移动规律，给出了地表反弹特殊现象对冲击地压预测预报的辅助作用，揭示了冲击地压的主要力源源于巨厚砾岩运动，并具有明显的周期阶段性，为把控冲击地压防治时间和空间提供了依据；通过地面钻孔高压注浆充填离层空隙带，能有效控制巨厚砾岩层运动，减缓地表沉降，改善冲击地压力源结构，对深井巨厚砾岩冲击地压的发生具有一定的抑制作用。

　　本书可作为煤炭高校采矿工程等专业师生的教学参考书，也可供从事煤矿生产管理、科研、设计系统的有关技术人员参考使用。

前　　言

　　冲击地压的发生与覆岩运动密切相关，尤其是在深部开采坚硬巨厚覆岩条件下这种相关性更为突出。本书以华丰煤矿巨厚砾岩覆岩条件下开采为背景，综合运用调查归纳、理论分析、室内实验、数值模拟及现场实测等方法，研究了深部开采巨厚砾岩条件下覆岩移动规律及其与冲击地压的相关性。

　　全书共分9章。第1章介绍了深部开采覆岩移动与地表变形规律的研究现状、冲击地压研究现状以及覆岩移动与矿井动力灾害的相关性研究现状；第2章在分析一般条件下覆岩破坏形式、影响因素以及覆岩离层机理的基础上，对深部开采巨厚砾岩覆岩条件下覆岩破断形式、离层发育特征进行了分析，并就覆岩相对稳定状态下、失稳状态下的覆岩运动与采场应力分布进行了研究；第3章采用相似材料模拟实验研究了巨厚覆岩移动及破坏规律，利用机械模拟实验研究了覆岩移动的结构特征和应力场演化规律，并通过数值模拟软件对巨厚砾岩下离层的演化规律、覆岩移动及应力演化规律进行了研究；第4章分析了华丰煤矿地表移动特征及煤层开采对地表桥梁的影响，并以华丰煤矿煤层赋存地质条件为工程背景建立了厚硬覆岩承载力学模型，确定了开采宽度与地表最大拉应力位置关系，给出了厚硬覆岩地表斑裂产生判据并进行验证，然后运用数值模拟软件对巨厚砾岩地表斑裂规律进行模拟研究；第5章阐述了冲击地压的影响因素、特征及分类，以华丰煤矿为工程背景，分析了该矿井冲击地压的影响因素，并根据砾岩的相对稳定状态和失稳状态，分别研究了覆岩两种状态下的冲击地压发生机理；第6章根据华丰煤矿地质条件、覆岩结构特点及冲击地压显现规律，结合地表岩层移动观测数据，研究了4煤层工作面开采后地表移动与井下冲击地压发生的相关性；第7章分析了通过地面钻孔高压注浆充填离层空隙，可以有效控制地表塌陷，同时对深井冲击地压灾害发挥了抑制作用；第8章在介绍了冲击地压的常规监测方法、预防预报措施与治理技术后，结合华丰煤矿的特殊覆岩结构与地表移动特点，开展了冲击地压的机理、预测与防治方面的研究；第9章提出了本书的主要结论及工作展望。

本书参阅了大量国内外有关覆岩移动及冲击地压方面的专业文献，在此谨向文献的作者表示感谢。在本书的写作过程中，得到了山东科技大学郭惟嘉教授、蒋金泉教授的热情指导和帮助，著者在此表示衷心感谢。

由于著者水平有限，同时也由于深部开采覆岩移动及冲击地压的复杂性，许多成果只是初步结论，书中疏漏、谬误之处在所难免，敬请读者给予批评指正。

著 者

2016 年 10 月

目　　录

1 覆岩运动与冲击地压 相关性研究现状

1.1 概述

我国是世界第一产煤大国，煤炭作为我国的主要能源，分别占一次能源生产总量和消费总量的 76% 和 69%，在未来相当长的时期内，我国仍将是以煤炭为主要能源。随着煤炭工业经济增长方式的转变，煤炭用途的扩展，煤炭的战略地位仍然十分重要[1]。在我国，已探明的煤炭资源量约占世界总量的 11.1%，其中约 2.95×10^8 t 煤炭资源埋深在千米以下，占我国煤炭资源总量的一半以上，深部煤炭资源为我国国民经济的持续发展和国家安全战略的实施提供了能源保证。随着数十年来煤炭资源大规模高强度的持续开采，我国中东部地区浅中部范围的煤炭资源越来越少，煤炭开采逐步往深部转移，煤矿开采深度平均每年以 8~12 m 的速度递增，东部矿井每 10 年以 100~250 m 的速度向深部延伸，仅山东省垂深开采千米以下的生产矿井就有 8 处，新建矿井垂深达千米以下的有 9 处，其中新汶矿业集团孙村煤矿历经了五个水平的延深和技术改造后，开采垂深已达 1300 m，是全国最深的矿井之一；华丰煤矿开采水平也已达 -1350 m 以下；正在开发建设的巨野煤田，勘探数据显示，煤层埋深在 600~1200 m，其中赵楼煤矿开采深度达 1000 m。可以预计在未来 20 年内，华东地区将有更多煤矿进入到千米以下深井开采状态，并且随着开采规模的扩大和机械化水平的提高，矿井向深部发展的步伐加快。因此，煤炭的深部开采问题已逐渐摆在我们面前[2]。

浅部开采很少出现的灾害现象，如冲击地压和地热危害，在深部开采过程中发生频率越来越高，后果越来越严重，其产生原因和机理也大有不同。众所周知，地下煤炭采出以后，采场上覆岩体的垮落、断裂、离层、移动、变形运动最终使地表沉陷下沉，而与覆岩运动密切相关的煤矿顶板事故、顶底板突水、冲击地压、煤与瓦斯突出等事故不断发生，也严重制约着矿井的安全生产。而我国在深部开采覆岩运动规律研究还不够完善，随着开采深度的逐年增加，地热、地压、水压都相应增加，尤其是冲击地压灾害发生的次数和烈度也在不断增加[3]。由于深部开采与浅部开采有很大的区别，浅部原岩大多处于弹性应力状态；而深部原岩呈现"浅塑性"状态，其岩体的特殊性主要表现在：岩体动力响应的突变性。岩体应力场的复杂性。岩体变形机理的脆延转化特性。岩体开挖岩溶突水的瞬时性。岩体的大变形和强流变性五个方面[4]。因此，开采深度的不同，采动过程中覆岩空间结构变形、破断、移动规律也会产生明显的不同。

现有的覆岩运动、地表沉陷等理论大都沿袭了浅部开采条件下形成的理论，对深部开采覆岩的结构变形及空间动态演化规律研究还远远不够。国内外采矿工程科技人员和学者在生产和研究中发现[5]，原有研究成果已经越来越不能够准确的描述深部开采条件下覆岩的移动变形规律，开展深部开采条件下覆岩结构变形动态演化规律及地表移动特征基础研究，控制深部开采对覆岩破坏及地表环境的影响，进而探索冲击地压等自然灾害对矿井正常生产的影响规律及防治措施是符合煤炭工业

"十三五"发展规划要求的，对我国煤炭工业健康、和谐发展具有重大的现实意义和深远的社会意义。

今后煤炭资源开采面临水体下、建筑物下、铁路下等"三下"采煤的必然趋势和应对深井冲击地压防治、高应力围岩控制以及煤与瓦斯突出的难题。这些问题成为广大煤炭科研人员研究的课题，尤其是"三下"采煤和深井地压问题在山东显得更为紧迫和突出。煤矿安全生产更是牵动着广大煤炭人的心，而问题解决无不都基于覆岩运动破坏机理的研究。因此，随着煤炭资源开采强度大幅度提高，覆岩移动变形、破坏机理及其诱发的矿山灾害相关研究更应受到人们高度重视。

深部开采覆岩运动规律的变化也使许多危害安全生产的灾害问题发生了变化。深部开采导致的覆岩运动及应力场重新分布诱发的深井冲击地压是其中一个极其显著的深井灾害。而冲击地压发生的倾向、频度、烈度、范围大小、压力显现、预测预报方法和辅助预报措施等都有了新的变化，与覆岩运动规律之间有着一定的联系。

新汶矿业集团华丰煤矿开采煤层上覆巨厚砾岩厚度达 $400 \sim 800$ m，在采动影响下巨厚砾岩运动形成的应力高度集中成为矿井发生冲击地压主要力源，使得冲击地压发生的次数和烈度不断攀升，时刻威胁着矿井正常生产和矿工生命安全。华丰煤矿砾岩运动对冲击地压的产生和发展具有独特的表现形式，地表的下沉、离层、斑裂和特有的反弹现象与冲击地压的产生具有密切的联系。为揭示这种内在的必然的联系，做到有效防治冲击地压灾害对人民生命财产的危害的研究具有积极的现实意义。

华丰煤矿 4 煤层具有严重冲击倾向性，已在多个工作面发生过多次冲击地压，造成了巨大的经济损失及人员伤亡，严重制约了矿井的安全生产。为最大限度地减少冲击地压带来的安全灾害，矿井采取了多种技术措施进行预防，取得了一定的安全效益，但也使经济效益受到一定程度的影响。

华丰煤矿上覆巨厚砾岩整体性较强，工作面推进过程中地表产生斑裂纹，对农田、河床及建筑物产生较大影响；同时观测发现，地表沉陷盆地边沿出现地表反弹现象，这种现象与井下同期冲击地压的发生存在一定的关联性，并影响着冲击地压产生的强度和频度。但由于包括煤层在内的顶底板岩层的形成和发展经历了地质历史时期中各种内外地质应力作用的改造和影响，是受多种因素制约的复杂结构体。这种复杂性主要表现：岩体的不连续性、非均质性、各向异性及赋存条件差异性。制约因素不同方式的组合，构成了岩体复杂模式，在当今的采矿工程活动中，岩体的变形、破坏形式显示了极大的差异性。要正确认识岩体的环境条件及物理力学属性，充分有效地预测覆岩破坏，还需要一个漫长而细致的研究过程。总体看，覆岩破坏机理的研究，至今仍然处在积累经验和探索理论之中，随着先进开采方法的出现，覆岩破坏机理研究更要适应新的开采方法和地质、采矿条件。

为此，探索巨厚砾岩结构演化运动过程、破断规律和地表移动变形规律与矿井冲击地压的密切关系，是本书研究的主要内容。揭示巨厚砾岩运动与冲击地压内在的关联性，提出改善覆岩运动条件，减少冲击地压对矿井安全的影响；对巨厚砾岩条件下的深部开采覆岩运动规律的探索将进一步摸清巨厚砾岩运动的规律，从而揭示巨厚砾岩运动规律与冲击地压灾害之间的内在联系，对促进矿井安全生产具有积极的现实意义。

1.2 国内外研究现状

本书所涉及的覆岩运动规律性研究和冲击地压机理研究及预防等方面的文献较多，但关注两者内在关联性的研究非常少，尤其是巨厚砾岩这种特殊地质条件下的覆岩运动规律对冲击地压的影响性的深入研究更少。本书对前人的研究成果进行了归纳总结，以考察国内外研究相关内容的研究现状，分析存在的问题及发展方向和趋势。

1.2.1 深部开采覆岩运动与地表变形规律研究现状

矿井开采覆岩运动与地表变形的研究是一门研究开采地下矿物后引起岩层和地表移动及其他相关问题的科学，是涉及采矿、地质、测量、岩石力学、弹塑性力学、统计学和计算科学等多种学科的交叉学科。从 19 世纪 50 年代以来，因煤矿开采引起的地表塌陷，给地面建（构）筑物及工农业生产带来了严重损害，引起了人们的极大关注。20 世纪初，开始建立地面观测站，对地表移动进行了系统观测，以研究覆岩与地表移动的规律。本节从开采沉陷规律和力学理论两个角度来说明覆岩运动与地表变形规律的国内外研究概况。

对开采沉陷规律的研究发展过程可分为三个阶段。

（1）从 1838 年对比利时列日城下开采所引起的地表塌陷认识开始，到二战前夕属于覆岩运动与地表变形的初步认识及研究阶段。

这一阶段，各国学者提出了覆岩移动的前期理论。1858年，比利时人哥诺（Gonot）教授提出"法线理论"，认为采空区上下边界开采影响范围可用相应点的层面法线来确定。1876年，德国学者依琴斯凯（Jicinsky）提出了"二等分线理论"。1882 年，耳西哈教授提出了"自然斜面理论"，与现在的移动角概念颇为相似，这是关于开采沉陷与岩性关系的最早成果。20 世纪 20 年代，一些采矿国家开展了大规模的地表沉陷的实测与统计工作，在此基础上，开采沉陷理论也得到了快速发展。1923—1932 年，斯奇米茨（Schmitz）、凯因霍斯特（Keinhost）和巴斯（R. Bals）研究了矿井开采影响的作用面积及分带，并提出连续影响分布的概念。20 世纪 30 年代，苏联学者开始了矿山岩层与地表移动实地观测工作，1936 年成立了矿山测量研究所，统一组织和领导苏联各矿区的实地观测和研究工作。

（2）二战后至 20 世纪 60 年代末期，属于开采沉陷理论形成的时期。

1947 年苏联学者阿维尔申等将上覆岩层视作连续介质，用连续介质的力学方法来研究岩层移动规律，形成连续介质力学理论，所用力学方法从弹性力学到塑性力学，从线性力学到非线性力学，并结合地表观测实践经验建立了地表移动计算方法，提出了水平移动与地面倾斜成正比的观点。1949 年德国人 Niemezyk. O 出版了关于开采沉陷的第一本代表性著作《Berg-schadenkunde》[6]，该书根据实测资料系统分析了地表移动规律并用移动变形曲线表示。1950 年波兰学者克诺特（Knothe）提出几何理论[7]，并利用高斯曲线作为影响曲线。

$$f(x) = \frac{W_{max}}{r} \exp\left(\frac{-\pi x^2}{r^2} \right) \tag{1-1}$$

式中　　r——主要影响半径，m；

　　W_{max}——最大下沉值，m。

布德雷克（Budryk）解决了克诺特提出的下沉盆地中关于水平移动和水平变形问题，这一理论被称为布德雷克—克诺特理论。1954 年，波兰人李特维尼申（J. Litwiniszy）把岩层移动过程作为一个随机过程，推证了下沉服从柯尔莫哥罗夫（Kor-Moropob）方程，这一理论称为随机介质理论。

1958 年苏联学者提出采空区上方岩层移动的形式为垮落带、断裂带和整体弯曲带，所谓"三带"理论。系统分析研究了地表移动及变形分布规律和有关参数规律，提出了苏联通用地表移动变形计算方法——典型曲线法。

（3）20 世纪 70 年代至今为覆岩运动与地表变形现代理论研究阶段。

随着计算机技术的迅速发展，数值模拟方法（有限元、离散元、边界元等）、人工智能技术等在岩层与地表移动研究中得到了广泛的应用。覆岩运动与地表变形的研究正向着自动化、智能化、直观化的方向发展。

离散单元法和块体力学理论是目前用于研究非连续介质体运动的常用方法之一。离散单元法是美国学者坎达尔在 1971 年提出来的，20 世纪 80 年代中期由王泳嘉引入国内。离散单元法将岩体看作为独立的块体，用运动学的方法研究块体运动过程中的应力与位移规律。离散单元法适用于被节理切割岩体的大位移、大变形问题，它能较好地模拟岩层的层状特征及移动过程中的离层现象。

刘宝琛、廖国华将随机介质理论引入国内，研究了近地表开挖随机介质理论的实用性，并发展为多项介质的耦合计算，后成为在我国广泛应用的概率积分法[8]。刘天泉院士[9]带领的研究队伍，经过多年努力，以大量观测为基础，对水平煤层、缓倾斜煤层、急倾斜煤层开采引起的覆岩破坏规律与地表移动规律作了深入的研究，对开采引起的覆岩移动与破坏"三带"高度给出了适用于我国各矿区的计算方法与公式，提出了采动覆岩变形从量值上及分布形态上都取决于采动岩体的垮落空间

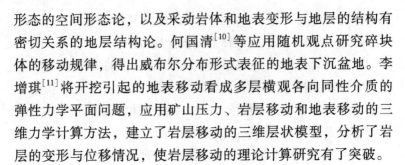

形态的空间形态论，以及采动岩体和地表变形与地层的结构有密切关系的地层结构论。何国清[10]等应用随机观点研究碎块体的移动规律，得出威布尔分布形式表征的地表下沉盆地。李增琪[11]将开挖引起的地表移动看成多层横观各向同性介质的弹性力学平面问题，应用矿山压力、岩层移动和地表移动的三维力学计算方法，建立了岩层移动的三维层状模型，分析了岩层的变形与位移情况，使岩层移动的理论计算研究有了突破。

郭惟嘉[12]开发应用半解析数值计算方法，将空间岩体分为层单元和柱单元，并吸收利用板和梁的一些解析解或解析函数，对层单元实行一维离散，二维解析。对柱单元实行二维离散，一维解析，适用于覆岩沉陷及层面离层的三维分析。高延法[13]根据采后覆岩变形破坏状况与力学结构特征，提出岩层移动的"四带"模型。模型从下往上依次为破裂带、离层带、弯曲带和松散冲积层带，岩层移动"四带"模型实质上是将基岩按其破坏后的力学结构特征进行了分带，从基岩整体上说，是看作了一种非均质、非连续的各向同性体，表土层则作为非均质、各向异性的不抗拉松散体。滕永海等[14]研究了采动过程中覆岩离层发育规律，认为覆岩移动破坏的规律具有周期性，在采动过程中经历动态连续下沉移动过程；在垮落带之上的岩层，工作面推过后，离层会逐渐产生，并随岩层移动下沉离层迅速扩大；当岩层移动达到最大负曲率时，岩层处于悬空状态，岩层的挠曲度最大，离层最为发育；随后岩层受力改变由受拉变为受压，离层逐渐缩小至被压实。黄乐亭、王金庄等[15]在通过分析实测资料并结合相似材料模型实验结果，针对地表动态变形的发展变化特点，将动态地表变形发展过程划分为下沉发展、下沉充分和下沉衰减三个阶段，同时对地表倾斜变形、水平变形速度变化过程划分了不同的阶段。

从力学理论的角度来看，从 19 世纪末开始，苏联、德国、南非、澳大利亚和中国等国的学者提出了有关岩层移动规律的一些力学结构假设，其中具有代表性的有压力拱假说、悬臂梁假说、预成裂隙假说、铰接岩块假说、砌体梁理论、传递岩梁理论等。

1928 年，德国学者哈克（W. Hack）和吉果策尔（G. Giliec）提出压力拱假说。认为长壁工作面自开切眼起形成压力拱并不断扩展，在工作面煤壁前方煤体内形成了前拱脚，采空区垮落岩石上形成了后拱脚，在前后拱脚处均为应力升高区，在拱内为应力降低区，拱随工作面的推进而向前移动。该假说能很好解释围岩卸载的原因，但未能说明岩层变形、移动和破坏的发展过程及支架与围岩的相互作用关系。

悬臂梁假说由德国人 K. Stock 于 1916 年提出，后得到美国学者 I. Frined、苏联学者 A. π. FepMaH 的支持。假说认为工作面和采空区上方顶板可视为梁模型，它一端固定在岩体内，另一端处于悬空状态，当顶板由几个岩层组成时，则形成组合悬臂梁，弯曲下沉后，受已垮落岩石支撑，当悬臂长度很大时，发生规律性的周期折断，从而引起周期来压。此假说可以解释工作面近煤壁处顶板下沉量越小，支架载荷也越小，距煤壁越远，则两者皆越大，同时也解释了工作面前方出现的支承压力及工作面的周期来压现象，但利用该假说计算顶板下沉量及支架载荷与实际情况相去甚远。

20 世纪 50 年代，比利时学者 A. 拉巴斯提出预成裂隙假说。假塑性梁是该假说重要组成部分，该假说认为由于开采的影响，回采工作面上覆岩层连续性遭到破坏，成为非连续体，并且认为在工作面周围存在应力降低区、应力增加区和采动影响区。随工作面推进，三个区域同时相应向前推移。因开采后上覆岩层存在各种裂隙，从而使岩体发生很大的类似塑性体变形，因此可将其视为假塑性体。当这种塑性体处于一种挤紧状态时，形成了类似梁的平衡。在自重和上覆岩层作用下，将发生明显假塑性弯曲，当下部岩层下沉量大于上部岩层下沉量时，即产生了离层。

铰接岩块假说由苏联学者 F·H·库兹涅佐夫于 1950—1954 年提出。该学说认为上覆岩层的破坏可分为垮落带及其上规则移动带，垮落带分上下两部分，下部分岩石杂乱无章，上部分排列整齐，但水平方向没有规律的水平挤压力传递，规则的岩块间可以相互铰合而形成一多环节的铰链并规则地在采空区上方下沉，他认为工作面支架存在两种不同的工作状态，当规则移动带下部岩层变形小而未发生折断时，垮落带岩层和规则移动带可能发生离层，在此情况下，支架最多只承受折断的垮落带岩层的重量，称支架处于"给定载荷状态"；直接顶受基本顶影响折断时，支架所受载荷及变形将随岩块的下沉不断增加，直至岩块受已垮落岩块的支撑达到平衡为止，此种情况称支架的"给定变形状态"。该假说已接近现代的矿压理论的主要观点，但缺乏岩块间严密的力学分析。

钱鸣高教授[16]是我国采场结构力学模型研究的前驱，建立的"砌体梁"结构模型为正确解释采场矿压显现规律、推进采场覆岩运动及矿山压力控制理论的发展奠定了基础。钱鸣高教授对"砌体梁"的关键块进行了分析，建立了"砌体梁"结构的"S-R"稳定理论，后来又提出关键层理论和复合关键层理论[17]。"砌体梁"力学模型是基于采动岩体移动特征提出的，认为采场上覆岩层岩体结构的骨架是覆岩中的坚硬岩层，可将上覆岩层分为多个组，每个分组中都以硬岩为底层，其上部的软岩可看作直接作用于骨架上的载荷，同时也为更上层坚硬岩层与下部骨架连接的垫层。此结构具有滑落及回转变形两种失稳形式。该理论将"砌体梁"结构的分析简化为离层区两关键块三角拱结构的分析，对结构失稳作出定量的判断，又给出了"砌体梁"结构受力的理论解和岩层内部移动曲线定量解，自此"砌体梁"理论发展由假说提高到定量分析阶段。

刘天泉院士[18]是我国"三下"采煤研究的开拓者，以此为目标在确定采场覆岩破坏范围和地表沉陷范围的研究方面，从理论和实践角度做了大量有成效的工作。

中国科学院院士宋振骐提出的以重大事故控制为核心的采场结构模型及用于指导安全高效生产实践的研究[19]，是当前矿山压力控制学科理论发展的关键，也是我国解决煤矿安全生产和相关环境控制的紧迫需要。他提出的上覆岩层结构的"传递岩梁"理论，认为基本顶是由对采场矿压显现有明显影响的一组或几组"岩梁"组成，基本顶中的每一岩梁由于断裂岩块之间相互咬合，始终能向拱壁前方及采空区矸石传递作用力，因此覆岩运动时作用力无须由支架全部承担，支架承担岩梁作用力由对覆岩运动控制要求决定。该假说，提出在煤壁前方内外应力场的概念，并根据岩梁运动的位态，指出支架受力可能存在"给定变形"及"限定变形"工作方式，同时建立了来压预测预报系统。传递岩梁理论是以岩层运动为中心，预测预报、控制设计及控制效果判断三位一体的实用矿压理论体系。

宋振骐院士创立的实用矿山压力理论指出：采场及准备巷道推进产生的促使围岩向已采空间运动的矿山压力及其显现是煤矿顶板、瓦斯、冲击地压等重大事故的根源。不同采动条件下矿山压力大小、分布及覆岩运动破坏的规律，包括受采动影响岩层运动和破坏的范围、受采动影响重新分布的应力场范围及受采动影响应力大小分布的特征，以及他们在形成和发展过程与相关事故和环境灾害间的关系，是煤矿重大事故和环境灾害控制的基础。

姜福兴[20]在对前期学者研究成果总结的基础上，提出了采场"大覆岩"的概念，把直接顶和基本顶的范围推大到上覆的深厚岩层，指出"大覆岩"运动对于煤矿采场应力重新分布、灾害诱发和防治具有重要的作用，同时采用微地震监测的方法研究了"大覆岩"的结构特征和运动规律。

郭惟嘉[12]等把井下采场的覆岩运动和地表移动结合起来进行了相关研究，认为覆岩运动和地表移动是有机的整体，覆岩运动导致了地表移动的产生，地表移动在一定程度上反映了覆岩运动的特征和规律。

然而随着采深的增加，冲击地压、顶板大面积来压、矿震等动力灾害事故频发[21]。引起这些动力灾害的力源不仅与采深有关，而且与开挖空间周围的边界条件有关，即岩层结构及其运动在三维空间上的分布规律决定了深部矿山压力的规律。

人们较为深入地研究了浅部上覆岩层的运动规律对采场的影响，但对深井覆岩尤其是由单一巨厚岩层组成的覆岩的研究较少，单一巨厚覆岩的结构及运动规律必然不同于一般覆岩，因此围岩控制的原理、方法也必然不同。虽然我国对巨厚覆岩的开采实践已经好多年，但是对上覆岩层运动规律的理论研究明显滞后于实践，已有研究成果较少且不系统，没有相关理论的指导，阻碍了对单一巨厚覆岩条件下煤层开采技术的发展。

1.2.2 矿山压力及冲击地压研究现状

冲击地压作为世界范围内煤矿矿井中最严重的自然灾害之一，其表现形式是以突然、急剧、猛烈的形式释放出变形能，抛出煤岩块，并造成支架损坏、片帮冒顶、巷道堵塞、人员伤亡，并伴随巨大的响声和岩体震动，具有明显的突发性、瞬时性及破坏性特征。具体分析我国煤矿冲击地压，其突出特点为类型多样、条件复杂、发展趋势严重等[22]。

世界各采矿国家，如英国、德国、南非、苏联、波兰、加拿大、日本、美国和中国等几十个国家和地区，均受到冲击地压的严重威胁[23-27]。苏联在1951—1952年就提出关于冲击地压显现机理的假说，并于1955年出版了由阿维尔申编著的《冲击地压》一书，是世界上最早的关于冲击地压方面的专著。此后，波兰、加拿大、美国、德国、法国及日本等国相继开展了专门研究，在冲击地压发生机理、冲击地压预测及防治方面取得了大量的研究成果[28-30]。

对冲击地压进行比较系统的研究始于南非，于1915年就建立了南非矿山冲击委员会，对煤和金属矿的冲击地压进行研究[31-33]。我国最早记录的冲击地压于1933年发生在抚顺胜利煤矿，随后北京、枣庄、大同、开滦、沈阳、徐州、新汶、平顶山、兖州等百余个矿区（井）被列为冲击地压矿井。随着煤矿开采深度的不断增加，冲击地压现象越来越突出。我国开始系统研究冲击地压问题始于20世纪70年代末，并作为国家"六五""七五"科技攻关项目进行了有针对性的重点研究。1987年，我国制订实施了《冲击地压煤层安全开采暂行规定》，对冲击地压煤层开采的治理原则、开采设计要求、预测预报制度和冲击危险治理规定进行了明确，成为指导我国开展冲击地压灾害治理的纲领性文件；各省市又结合《矿山安全法》《煤矿安全规程》等法律、法规及行业规范，出台了适合本省区域实际的冲击地压防治规定。我国广大科技工作者经过不懈努力，对冲击矿压机理、预测和防治措施的研究取得了一定成绩，其中，煤体注水与深孔松动爆破综合防治技术、冲击地压的非线性有限元数值模拟、煤岩体地应力场的测试及有限元计算分析、声发射技术、电磁辐射技术和微震监测系统等技术在预测冲击地压方面已达到国际先进水平[34-36]。

但由于冲击地压问题的复杂性和多样性，尽管目前国内外学者在冲击地压发生机理、监测手段及治理等方面取得了一定成绩，但随着各地开采强度的增大，冲击地压问题越来越频繁和严重[37]。

目前，对于冲击地压的研究，主要集中在3个方向[38]：一是冲击地压发生的机理研究；二是冲击地压的危险性分析、监测及预测技术的研究；三是冲击地压的治理措施的研究。

冲击地压发生机理十分复杂。各国学者在冲击地压现场调查及实验室研究的基础上，从不同角度相继提出了一系列的重要理论，如强度理论、刚度理论、能量理论、冲击倾向性理论、三准则理论和变形系统失稳理论等。

1. 强度理论

强度理论提出了冲击地压发生的应力条件为

$$\sigma > \sigma^* \tag{1-2}$$

即矿山压力大于煤体—围岩力学系统的综合强度。

该理论认为[39]：较坚硬的顶底板可将煤体夹紧，阻碍深部煤体或煤体—围岩交界处的变形，如图1-1所示。由于平行于层面的摩擦阻力及侧向阻力阻碍了煤体沿层面的移动，使煤体更加密实，承受更高的压力，积蓄更多的弹性能量。从极限平衡和弹性能释放的意义上来看，夹持起了闭锁的作用。在煤体夹持带内压力高并储存很高的弹性能，高压带和弹性能积聚区位于煤壁附近。一旦高应力突然加大或系统阻力瞬间减小时，煤体可产生突然破坏和运动，抛向采空区，形成冲击地压。

强度理论较好的揭示了煤体-围岩力学系统的极限平衡条

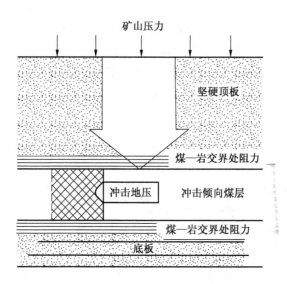

图1-1 强度理论示意图

件，解释了冲击地压的一些现象，并具有简单、直观和便于应用的特点，该理论在华丰煤矿巨厚砾岩受力分析中也得到了应用。

2. 刚度理论

刚度理论是由Cook等人在20世纪60年代根据刚性压力实验而得到的。该理论认为试件的刚度大于实验机构的刚度时，破坏是不稳定的，煤岩体呈现突然的脆性破坏。20世纪70年代，Black[40]认为矿山结构的刚度大于矿山负荷系统的刚度是产生冲击地压的必要条件。这一理论简单、直观，但矿山负荷系统的划分、刚度的概念及如何确定矿山结构的刚度是否达到峰值强度后的刚度是难点。该理论没有考虑到矿山结构与矿山负荷系统本身可以储存和释放能量。

3. 能量理论

能量理论[41]从能量转化方面解释冲击地压的成因,该理论认为矿体－围岩系统在其力学平衡状态失稳所释放的能量大于所消耗的能量时,会发生冲击地压。能量理论可以解释一些现象,但该理论把煤岩体看成纯弹性的,不符合冲击地压是煤岩体破坏的事实。该理论没有说明平衡状态的性状及其破坏条件,特别是围岩能量释放的条件,缺乏必要的判据和条件。

4. 冲击倾向性理论

冲击倾向性理论[42]是指煤岩体发生冲击破坏的固有能力或属性,煤岩体冲击倾向性是发生冲击地压的必要条件。冲击倾向性理论是波兰和苏联学者提出的,我国学者[43-48]在这方面做了大量的工作,提出用煤样的动态破坏时间(D_t)、弹性能指数(W_{ET})及冲击能量指数(K_E)三项指标综合判别煤的冲击倾向的实验方法。

冲击倾向性理论认为当弹性能指数(W_{ET})及冲击能量指数(K_E)大于某个值时,就会发生冲击地压。显然,用一组冲击倾向性理论指标评价煤岩体本身的冲击危险具有实际的意义,并已得到了广泛的应用。然而,冲击地压的发生与采掘和地质环境有关,煤岩体的物理力学性质随地质开采条件的不同而有很大的差异,实验室测定的结果往往不能完全代表各种环境下的煤岩体性质,这也给冲击倾向性理论的应用带来了局限性。

大量的现场调查表明,具有相同冲击倾向性的煤层,甚至同一煤层,只有少数区域发生冲击地压,大多数区域不发生冲击地压[49]。而且许多属于强冲击倾向性的煤层并不发生冲击地压,而某些冲击倾向性很弱或无冲击倾向性的煤层却发生了冲地地压,可见冲击倾向性理论的不足。

5. 三准则理论

在研究强度理论、能量理论和冲击倾向性理论所提出的冲击地压的判据基础上，我国学者李玉生等[50]把强度准则视为煤岩体的破坏准则，作为冲击地压发生的必要条件；把能量准则和冲击倾向性准则视为煤岩突然破坏的准则，作为冲击地压发生的充分条件。当三个准则同时满足时，才能判定产生冲击地压。

该理论没有给出三个准则的具体形式，且需要确定的参数较多，使用不方便。

6. 复形系统失稳理论

近年来，我国一些学者[51-57]认为：根据岩石全应力—应变曲线，在上凸硬化阶段，煤、岩抗变形（包括裂纹和裂缝）的能力是增大的，介质是稳定的；在下凹软化阶段，由于外载超过煤、岩峰值强度，裂纹迅速传播和扩展，发生微裂纹密集而连通的现象，使煤、岩抗变形能力降低，介质是非稳定的。在非稳定的平衡状态中，一旦遇到外界微小扰动，则有可能失稳，从而在瞬间释放大量能量，发生急剧、猛烈的破坏，即冲击地压[58-60]。由此，介质的强度和稳定性是发生冲击的重要条件之一。虽然有时外载未达到峰值强度，但由于煤、岩的蠕变性质，在长期作用下其变形会随时间而增大，进入软化阶段。这种静疲劳现象，可以使介质处于不稳定状态。在失稳过程中系统所释放的能量可使煤岩从静态变为动态过程，即发生急剧、猛烈的破坏。该理论提出了冲击地压是材料失稳的思想，但没有对冲击地压发生的条件进行具体分析[61-63]。

随着学科交叉及非线性科学在冲击地压研究中的应用，一些学者[64-69]对冲击地压发生条件进行了新的研究，产生了许多新的研究方法及理论，如突变理论、分形理论、断裂理论、损伤理论等。1972 年 Thom 创立了突变论，而后发展成为一种较新的研究冲击地压的理论——煤岩体的突变理论，先建立了煤岩体的突变模型，再对围岩压力、刚度以及煤岩体损伤扩展耗散能量等影响煤岩体冲击的主要控制因素进行了定量分析，然后定性的解释了发生冲击地压的机理。唐春安、徐曾和[70]利用突变理论研究了岩石断裂失稳及冲击地压现象，并用尖点突变模型分析了坚硬顶板下煤柱岩爆的非稳定破坏机制，认为当煤岩体——围岩系统处于非稳定平衡状态时，受到外界的扰动而发生的平衡状态的转移即失稳现象的过程，讨论了岩爆发生的前兆规律及过程，并提出了可监测的前兆信息。

谢和平院士[71]提出了冲击地压的分形特征，应用分形几何学的方法对冲击地压的发生机理及预测预报手段进行研究。分形理论主要是根据微震活动在冲击地压发生前的分形维数变化来预测冲击地压的发生。根据相关实验研究发现，冲击地压发生前，微震事件聚积程度升高，但分形维数随之降低，冲击地压临近发生时分形维数值为最低；反之，当分形维数升高时，表明冲击危险性降低。齐庆新等学者[72-73]在研究冲击地压的发生过程与煤岩体瞬间黏滑的关系时提出了"三因素"理论，该理论认为煤岩体内在因素、力源因素和结构因素是导致冲击地压发生的最主要因素，其中内在因素为煤岩的冲击倾向性，力源因素为高度的应力集中或高变形能的贮存和外部的动态的扰动，结构因素为具有软弱结构面及易于引起突变滑动的层状界面，"三因素"理论是对冲击倾向性理论和能量理论的综合与发展。缪协兴[74]通过对裂纹未贯穿前的膨胀导致的自由面位移分析及薄层屈曲的能量计算，建立了岩（煤）壁附近压裂纹的时间相关和非时间相关的滑移扩展方程，将时间参量引入到冲击地压判据中。潘立友[75]认为扩容突变阶段是冲击地压预测预报的前兆，据此提出了冲击地压的扩容理论。姜耀东等[76]对冲击地压机制进行煤样断裂过程的细观实验研究，发现煤岩体在采动等外界因素影响下内部微裂纹快速成核、贯通、扩展进而诱发煤体整体失稳的机制。陈学华[77]以矿井构造应力型冲击显现为背景，提出了临界水平主应力、底板结构系数等概念以及底板煤岩组合冲击理论，通过综合分析现场冲击发生条件以及构造应力型冲击发生的条件的模拟计算结果，提出构造应力型冲击发生条件的两个判据。秦昊[78]基于巷道围岩变形及破坏特征，研究了动力扰动对巷道层裂结构稳定性影响，建立了巷帮层裂板结构稳定性分析的动力学控制方程，揭示了巷道围岩冲击地压的诱发机理。鞠文君[79]以华亭煤矿巷道冲击地压为背景，对急倾斜特厚煤层水平分层综放开采条件下上覆岩层活动规律及矿压显现规律进行了比较深入的研究，分析得出了华亭煤矿巷道冲击地压的成因，对冲击地压巷道支护技术进行了比较深入的研究。牟宗龙[80]针对顶板岩层对煤体冲击的影响作用机理，将顶板岩层诱发冲击地压的机理分为两种类型，即"稳态诱冲机理"和"动态诱冲机理"。李志华[81]研究了采动对断层冲击矿压危险性的影响，建立了断层滑移诱发煤岩冲击的力学模型，揭示了断层滑移诱发煤岩冲击的"动态"和"稳态"两种破坏力学机制及其失稳判据，分析了采动过程中断层活化矿震活动规律。陈国祥[82]从能量耗散与释放的原理出发，在褶皱区地应力实测和地质调研的基础上分析了褶皱区应力场分布规律与冲击矿压的关系以及煤岩体冲击破坏的应力判据和能量准则，探讨了褶皱区最大水平应力和采动应力分布规律，提出了冲击矿压发生的临界最大主应力机理。

近年来，现代数学中的分叉理论（Bifurcation Theory）和混沌动力学（Chaotic Dynamic）开始应用到煤岩体发生冲击地压这一动力现象的研究，体现在软岩巷道运动规律及支护、煤层顶底板变形及破坏方面的分析及应用。代高飞、尹光志[83]采用现代非线性科学的相关理论来研究岩石的失稳破坏和冲击地压，对煤岩进行了无损伤 CT 检测实时实验，采用分叉与混沌理论、突变理论、自组织理论和神经网络方法对煤岩的非线性动力学特征和冲击地压进行了研究，提出了单轴压缩荷载作用下煤岩损伤演化方程和损伤本构模型以及冲击地压的粘滑失稳机理。李洪[84]以冲击煤层的大量实测信息为基础，将混沌理论、小波理论、神经网络、模式识别等非线性学科的相关理论应用到冲击地压危险性分析及预测识别领域中，对冲击地压工作面监测数据序列运用混沌动力学理论进行了较全面的分析，提出了冲击地压观测序列的混沌预测模型及模式识别方法。

冲击地压的常规预测方法，除经验类比法外，大致可以分为两类：一类是以钻屑法为主的局部探测法，包括煤岩体变形观测法、煤岩体应力测量法、流动地音检测法、岩饼法等，主要用于探测采掘局部区段的冲击危险程度。这类方法简便易行，直观可靠，已经得到广泛应用，其缺点是预测工作在时间和空间上不连续，费工费时。二类是系统监测法，包括微震系统监测法、地音系统监测法以及其他地球物理方法。

钻屑法及电磁辐射监测法是目前冲击矿压预测的主要方法，还有一些其他方法，比如电阻率探测法、煤岩体变形测量法、煤岩体应力测量法、岩饼法、振动（波速）法、地层层析成像法等，这些方法大多是作为一种辅助预测方法，还不能作为冲击矿压现场的常规监测方法。

对于冲击地压的防治措施分为两大类：一类是战略性或区域性措施，包括合理的开拓布置和开采方式、开采解放层、煤层预注水、顶板预处理等措施；另一类是战术性或局部性措施，包括卸压爆破、钻孔卸压、诱发爆破等。

1.2.3 覆岩运动与矿井动力灾害的相关性研究现状

冲击地压等矿井动力灾害与采场覆岩结构形变演化运动密切相关，实践证明煤矿重大事故的发生及有效控制，几乎都与采场覆岩运动和应力场分布发展变化规律相关[85]。

钱鸣高院士[17]提出的关键层理论阐述了关键层运动对采场矿压的影响及在覆岩运动控制中的应用，该理论认为当覆岩中对采动岩体运动起主要控制作用的仅为某一层或某几层，这些对覆岩活动全部或局部起控制作用的岩层称为关键层。关键层在采动覆岩中的作用，上可影响至地表，下可影响至采场和支架，内部影响到采动裂隙的分布和流体的运移，因而它一定程度上可作为采场矿压、岩层移动及地表沉陷、采动岩体内的流体运移研究统一的基础。当覆岩中存在典型的主关键层时，由于其一次破断运动的岩层范围大，往往会对采场来压造成影响，尤其当主关键层破断时，将可能引起采场强烈的来压显现，可能会引起矿山动力灾害，如冲击地压、瓦斯突出等事故。

郭惟嘉等[86,87]根据深井覆岩体结构特征，结合相似材料模拟、物理探测、钻孔探测，应用三维半解析数值计算，分析研究了采动岩体内结构形变演化规律，深入探讨了深井开采覆岩体结构形变演化与开采活动的时空互动关系，发现岩层及地表移动的特征，隐含了井下发生冲击地压的丰富信息，从这些信息中可以识别出未来冲击地压发生的某些定量标识，这些标识与冲击地压的发生有较为密切的关系。通过掌握上覆岩层运动和地表移动规律，可以有效预测、防治井下冲击地压的发生，为矿井安全生产提供保障。

轩大洋、许家林等[88]研究了巨厚火成岩下采动应力演化规律与致灾机理。研究发现，地应力和瓦斯压力是引起煤与瓦斯突出的主要作用力，在采动应力作用下，煤层瓦斯压力有增高现象，有可能使非突出煤层发生煤与瓦斯突出，从而转化成为突出煤层。

王利、张修峰等[89]根据特定条件下的开采地表移动特征，分析研究了地表沉陷特征与冲击地压的相关性、地表变形与矿井工作面涌水量的相关性，研究发现地表变形的一些参数可以作为冲击地压、矿井突水等矿井灾害的预测预报的辅助方法。

随着煤矿开采深度的不断增加，工作面上部顶板大结构的厚度与工作面长度相比，已不再是小量，以前用来研究矿压与覆岩相互关系的平面模型不再适用。因此，系统深入地研究采动覆岩空间结构及其与矿压的动态关系，是控制矿山重大工程地质灾害的基础。通过现场实测、室内实验、数值计算等手段，姜福兴教授[90-93]系统研究了采动覆岩空间结构与应力场的动态关系。当评判巷道围岩应力、工作面底板应力及离层注浆后注浆立柱的地下持力体的稳定性时，传统的平面力学模型与立体模型的计算结果差异很大，立体力学模型更合理与准确，利用微地震定位监测技术（MS）监测岩体在三维空间内破断的研究成果，揭示了采场覆岩空间破裂与采动应力场的对应关系，得出了覆岩空间结构的4种类型。采场覆岩空间结构的提出，对动态评估岩层运动与矿压灾害以及矿压的可利用程度起到了很大的帮助，也解决了工程中的相关实际问题。覆岩空间结构这一理论，将采场矿压的研究从平面阶段推进到了空间阶段。在工程实践中，运用覆岩空间结构理论，从宏观上分析采场不同阶段的冲击危险程度，从而确定冲击地压可能发生的时间和地点，提前采取卸压措施，使应力高峰区向深部转移，保证工作面的安全开采。

2 深井巨厚砾岩覆岩运动 规律研究

在深部开采时，若上覆岩层存在巨厚砾岩，其覆岩运动方式将呈现新的特点。本章在分析了一般条件下覆岩破坏形式、影响因素以及覆岩离层机理的基础上，对深部开采巨厚砾岩的这一特殊地质条件下覆岩破断形式、离层发育特征进行了分析，并就覆岩相对稳定状态与失稳状态下覆岩运动与采场应力分布进行了研究。

2.1 覆岩破坏形式及影响因素

2.1.1 覆岩破坏的基本形式及分带性特征

煤层与含煤地层是沉积形成的，呈层状埋藏。地下煤层采出后，在采空区的面积不大时，煤层顶板呈悬露状态，以板的形式支撑着上覆岩体，使覆岩内部保持着一种应力平衡状态。随着煤层开采面积的扩大，顶板岩层悬露跨度不断增大，当顶板岩层跨度达到极限跨度时，岩石内部应力接近并达到其允许强度，随后顶板发生破坏、冒落，形成矸石。由于岩层的沉积年代不同，各岩层的物理力学性质不同，各岩层间抗弯强度也不同，层间接触面易形成相对弱面。上下位不同岩性的岩层弯曲下沉时，产生弯曲不同步，岩层界面处会产生离层现象[94]。下部岩层破坏后，上部岩层以同样的方式发生下沉、弯曲和离层，以致破坏。岩层的移动和变形破坏就是以这种方式逐层向上发展。

自煤层顶板向上，岩层破坏程度逐渐减小，破坏范围在剖面上呈现拱形。下部碎胀的岩石在体积上会发生膨胀，减少了上部岩层的下沉量，同时层面方向的变形范围逐步扩展，减少了岩层的弯曲曲率[95]，当岩层的断裂破坏发育到一定高度，岩层就只发生弯曲下沉和离层，不发生垂直层面方向的断裂破坏，保持岩层本身的完整性。这一部位的各岩层虽然自身是连续的，但是由于下沉过程中层面都发生了离层，所以彼此之间层面已是非连续的，有些离层层面最终还会闭合，但存在一定的错动，变形继续向上发展。当这种岩层之间的离层发展到一定的高度后，由于岩层变形范围的进一步扩大，使得变形集中程度进一步降低，即岩层层面的曲率变小，变形不足以使岩层和它上部的岩层发生分离，则岩层与它上部岩层保持层面间的弹性接触，与上部岩层一起以整体弯曲形式下沉，基岩之上的松散冲积层则随基岩一同下沉。

从采动影响应力场转移的覆岩形变模型出发，覆岩及地表的沉陷运动是采动附加应力场转移变化的结果。由于岩层悬臂的作用，上层岩板的边界总是较下层岩板的边界更移向采空区一侧，同时，在岩板边界处即拱迹线上形成应力集中区，上覆岩体的重量沿拱迹线方向传至采空区周边的煤柱上，形成压力平衡拱。因此，拱内岩层只是在自重应力和水平应力作用下像板一样发生弯曲下沉，而在拱外的岩体只产生整体的移动和变形，这便是压力平衡拱的形成过程，压力平衡拱导致拱内、拱外的岩层不同的变形特性。在上覆岩层中，压力平衡拱的范围随着工作面推进，压力平衡拱不断遭到破坏，形成更大范围的压力平衡拱，压力平衡拱内岩层板不断向上位岩层中发展、传递，在完全开采时形成极限拱，拱高不再增加，只随推采而前移。

不同煤田或井田的地层结构和覆岩岩性往往差别很大，会形成不同的采场覆岩结构形态。尤其在深部开采时，如上覆岩层中存在巨厚砾岩，其变形演化规律将呈现出新的特点。覆岩变形演化是一个非常复杂的时空过程，它涉及到从煤层顶板到地表的所有岩层，既有层状分布的非均质基岩，又有呈松散结构的各向异性表土冲积层。岩层变形破坏形式多样，且具有明显的动态性。这种动态性主要表现在以下三个方面：①煤层的开采是一个动态过程，工作面不断推进，采空区不断扩大，使得覆岩受力状况不断发生变化，受影响覆岩范围不断扩大；②冒落矸石从开始的松散状态，不断被压实，体积缩小刚度增加；岩体的结构演变蕴含着覆岩各破坏带逐渐形成的动态过程；③岩石普遍存在着流变性，煤层开采后覆岩在自重应力作用下发生蠕变，应力场、位移场随之改变。

在深井长壁垮落法开采条件下，煤层开采覆岩发生移动变形具有明显的分带性[96,97]，其特征与开采条件及覆岩结构有关。

1. 垮落带

垮落带岩石的碎胀系数一般在 1.1~1.4，而覆岩形变运动从量值上及分布形态上取决于采动岩体的垮落空间形态，在一定埋深条件下，采场垮落空间可以近似看成无限域中椭圆形孔洞，孔洞顶壁切向应力可由弹性解给出：

$$\sigma = \left(1 + \frac{4h}{l}\right)\lambda\sigma_0 - \sigma_0 \qquad (2-1)$$

式中 h——椭圆孔短半轴即垮落高度，m；

     l——椭圆孔长轴即开采长度，m；

     λ——侧压系数。

σ_0 为 γH，当 $\sigma = [\sigma_c]$ 时，岩层即产生拉断破坏，得：

$$h = \left(\frac{[\sigma_c]}{\sigma_0} + 1 - \lambda \right) \times \frac{l}{4\lambda} \qquad (2-2)$$

又有：

$$(V - l \times s \times m) K_\mu = V \qquad (2-3)$$

式中　V——垮落椭球体的体积，$V = \frac{1}{6}\pi \times h^n \times l \times s$；

　　　s——采煤工作面另一侧的长度，m；

　　　m——煤层开采厚度。

　　即

$$h^n = \frac{6 \times m \times K_\mu}{\pi (K_\mu - 1)} \qquad (2-4)$$

故煤层开采覆岩垮落高度应为 $\mathrm{Min}(h, h')$。

2. 断裂带

断裂带是在采空区顶板的弯曲和垮落碎胀岩石的压密过程中产生的，当开采区域达到一定范围时，断裂带高度达到最大，随着岩层移动的稳定，断裂带上部的裂隙又被逐渐压闭，断裂带高度随之有所降低。在矿井地质开采条件下，应用自行研制的双端堵水器实测和室内数值模拟结果较接近，断裂带高度一般为采高的 20 倍。

3. 弯曲带

弯曲带内，采空区上方岩层在其自重作用下产生法向弯曲，岩层处于水平双向压缩状态；而煤柱上方弯曲带内岩层呈现水平双向拉伸。一般认为弯曲带岩层基本保持其完整性和层状特征，但近期的研究和工程实践认识到，在一定的地质开采条件下，弯曲带岩体也可能产生较大裂缝、离层、垮断等。

在采动过程中上覆岩层产生一定的离层，由于岩层移动是由下向上逐渐传递的，层与层之间存在一个移动滞后的时间。

一般情况下，离层的发育程度与岩层离煤层顶板的高度成反比，即越靠近煤层顶板离层越发育，越远离煤层顶板离层越不发育；当上覆岩层中存在上硬下软、刚度差别较大的岩层组时，这种离层非常发育[98]。覆岩结构以及覆岩力学性质的不同，使离层的动态最大离层高度、稳定最大离层高度和离层稳定时间有很大差别，同时稳定离层高度的大小还是影响地表最终下沉系数的一个重要因素。

2.1.2 覆岩运动方式的影响因素

1. 岩层厚度的影响

岩层的弯拉破坏的极限跨度及全厚度压剪破坏的极限跨度随岩层厚度的增加而增大，但岩层分层运动的极限跨度不随岩层厚度的变化而变化。当岩层的厚度减小时，岩梁两端的拉应力首先超过岩石的极限抗拉强度，而此时在岩层厚度方向上某弱面处剪应力小于其抗剪强度，不足以使岩层发生分层运动，岩石的运动方式表现弯拉破坏。随岩层厚度的增加，弯拉破坏的极限跨度也相应增加，若岩层中弱面处的剪应力首先超过弱面材料的抗剪强度，而此时岩梁两端的拉应力还未达到岩石的极限抗拉强度，岩层首发生剪开破坏，岩层的运动为在弱面被剪开的分层运动。岩层由弯拉破坏运动转化为分层运动的厚度称为临界厚度。一旦岩层的厚度超过临界厚度，岩层不再表现整体运动，而为分层运动。因此，岩层的厚度越大，岩层的层间效应就越明显，分层运动的可能性就越大。

2. 岩性的影响

岩石强度越高，岩层运动步距就越大，这和以往的研究结论相同。但如果考虑坚硬厚岩层的层间效应，不同岩性的岩石，由弯拉破坏转化为分层运动的岩层临界厚度是不同的，岩石的强度高，则临界厚度值越小，这是因为弯拉破坏的极限跨度是由坚硬岩石的抗拉强度决定的，而岩层分层运动的极限跨度主要是由软弱夹层的抗剪强度决定，坚硬岩石的抗拉强度与软弱夹层的抗剪强度越接近，则两种运动方式的极限跨度值就越接近，两种运动方式相互转化的临界厚度也越小。由以上可知，两种运动方式相互转化的临界厚度随坚硬岩石强度的增加而变小。这表明若厚岩层中存在软弱夹层，坚硬岩层的层间效应将更加明显，更容易表现为分层运动方式。

3. 软弱夹层性质及在岩层厚度方向的影响

坚硬厚岩层是整体运动，还是分层运动，其另一个重要的影响因素为岩层厚度范围内分布的弱面的性质及位置。弱面处的抗剪强度越低，岩层分层运动的极限跨度越小，厚岩层分层运动的可能性越大。根据力学分析，岩梁中任一截面剪应力在梁高度方向的分布为靠近梁高中间位置的剪应力为最大，向两侧剪应力递减。因此，软弱夹层的位置越靠近梁高中间位置，则岩层分层运动的可能性越大。

如果坚硬岩层弱面处抗剪强度很低，即使弱面靠近岩层厚度方向的下侧，剪应力较小，仍可能超过弱面处抗剪强度。因弱面下方的岩层较薄，分层运动后的岩层会进一步断裂，断裂后的岩层难以形成结构，表现为在采空区散落堆积，这与现场很多厚层坚硬顶板的运动过程颇为相似。岩层剥落以后，厚层坚硬顶板厚度减小，岩层运动的步距也相应变小，厚岩层整体运动剧烈程度减轻。

目前的覆岩结构有关理论分析，大多集中于采场的"小结构"上，对深部开采条件下巨厚砾岩组成的覆岩而言，必须从更大范围研究围岩控制问题，重新认识采场的"结构"问题。另外目前的研究不够系统，不能对多种围岩结构条件下的围岩控制分类进行指导。

2.2 覆岩离层机理分析

由于煤系地层沉积的分层性以及结构与岩性上的差异性，采动覆岩在弯曲沉降过程中产生不同步，这种不同步弯曲沉降引起的岩层在其层面（或弱面）产生的分离现象称之为离层[99]。

2.2.1 覆岩离层产生的条件

在弯曲带内的岩层移动过程呈现连续性和整体性，上覆岩层的挠度值基本相同，其上下各部分的下沉差值很小，随着时间的推移，上覆岩层中的裂隙与离层将逐渐闭合，最终表现为地表沉陷，上覆岩层形成一个由动态到静态的沉陷发展过程[100,101]。但是当弯曲带内煤层顶板存在巨厚坚硬砾岩时，因其强度高，厚度大，能长期保持不下沉，不断裂，因此其下覆离层能长期不闭合，形成具有一定规模的弧形离层带，为巨厚砾岩的断裂和工作面的冲击地压形成创造了条件。

根据以往研究[102]，覆岩产生离层空间的机理为：当采动覆岩在应力作用下产生法向弯曲（挠曲），相邻岩层沿层面发生剪切破坏；不同岩性的岩层其垂直移动将不协调发生纵向分离；相邻两岩层保持层状完整性不产生断裂式破坏，且上位岩层具有较大刚性，下位岩层又有足够的移动空间高度，相邻两岩层的接触面间将形成可不闭合离层空间。关于离层形成的条件，很多学者从不同的角度进行了研究，概括起来有以下四个方面：

1. 离层形成的地质条件

根据岩性、岩相等因素变化把覆岩体划分成若干具有相似工程地质特性的岩组，一般根据岩层岩石的强度把相邻岩层的组合简化分为四种类型：①上坚硬－下软弱型；②上软弱－下坚硬型；③上软弱－下软弱型；④上坚硬－下坚硬型。特别是在深部开采条件下，这些岩组的厚度、岩性及排列组合等自然特征与整个覆岩体受力后的形状演化有着密切的联系[86]。地层的层状沉积和覆岩体内上坚硬－下软弱型岩层结构的存在是离层形成的地质条件。从这一角度讲，中硬地层如开滦、兖州、新汶、徐州等矿区的地层条件，较利于离层的产生，软弱地层以及岩层厚度强度较均匀的地层条件下不利于离层大规模的产生。

2. 离层形成的力学条件

采动覆岩内部相邻两岩层之间离层产生及形成不闭合离层空间的原因，按照接触面破坏的力学条件可分为剪切破坏和受拉破坏[103]。

1）接触面受剪切破坏形成离层

如果将采场上覆岩层视为组合梁，在岩梁弯曲沉降的过程中必然在平行于轴向的各层面上出现剪应力，随采场的推进，剪应力随岩梁悬跨度和外载的增加而增加，当剪应力超过层面上的黏结力和摩擦阻力所允许的限度时，层面或软弱夹层的接触面即被剪坏，岩层间离层随即产生，如图 2 - 1 所示，符合库仑剪切强度准则：

$$\tau \geqslant \sigma \tan\varphi + C \qquad (2-5)$$

式中　　τ——岩层上的剪切力；

　　　　σ——层面上的正应力；

　　　　φ——层面间的摩擦角；

　　　　C——层面的内聚力。

2）接触面受拉破坏产生离层

下位岩层在自重作用下弯曲下沉，其重力在上下位岩层的层面上产生拉应力，当拉应力 σ 超过层面的抗拉强度，而且上

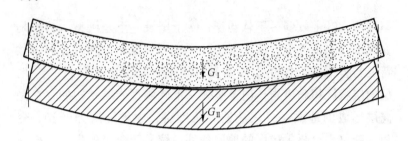

图 2-1 剪切破坏形成离层

位岩层的抗弯刚度大于下位岩层的抗弯刚度时，产生离层，如图 2-2 所示。

$$\sigma > \sigma_t \tag{2-6}$$

$$E_\text{上} h_\text{上}^2 > E_\text{下} h_\text{下}^2 \tag{2-7}$$

即使上下两岩层的抗弯刚度之差较小，由于岩层变形是由下而上逐级发展的，所以上位岩层的变形必然滞后于下位岩层，由于岩层的流变性，离层也会因此而产生。

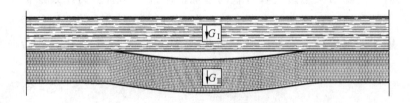

图 2-2 拉伸破坏形成离层

3. 离层形成的位移条件

由于上下岩层抗弯刚度和岩梁跨度的差别，若上位岩层的挠度 $Y_\text{上}$ 小于下位岩层的挠度 $Y_\text{下}$，这是离层形成的具体表现，也是计算离层量大小的依据。

4. 离层扩展的条件

在具备产生离层的地质、力学及位移条件之后，离层是否能够沿层面继续扩展，影响因素主要有：离层所处的层位高低、工作面是否继续向前推进、采空区矸石压实情况、关键岩层是否破裂垮落等。根据岩石力学强度理论，岩层层面出现微小裂隙后，裂隙尖端便会出现很大的拉应力集中，当接触点处的拉应力超过层面的抗拉强度时，就会使离层进一步扩展，从而形成较大的离层空间。

2.2.2　离层动态发育过程及离层空间的计算

1. 离层动态发育过程及离层特征

随着工作面继续推进，采动影响范围由煤层顶板不断向上覆岩层扩展。在覆岩裂隙带的上部，离层裂缝开始产生，并逐步扩展；随着采空区尺寸扩大到一定范围后，离层空间也扩展到最大并相对稳定一段时间。离层空间的大小和离层的位置，不仅与煤层厚度、工作面推进速度及上覆岩层的性质和结构有关，还与采空区尺寸密切相关。图 2-3 是以华丰煤矿巨厚砾岩与红层间离层产生情况为例，沿工作面推采方向上离层发育过程。

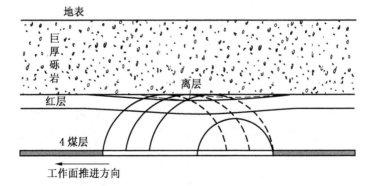

图 2-3　离层发育形态

由图 2-3 可知，在采空区刚形成时，煤层顶板呈悬露状态，以梁或板的形式支撑着上覆岩体的重力作用，保持着应力场的平衡。随着工作面的推进，顶板悬露跨度不断增大，当其跨度至一定长度后，在上部载荷的作用下，造成顶板失稳、断裂、破坏、垮落，形成压力平衡拱。拱内岩体在自重的作用下发生弯曲下沉，在拱顶处形成离层。随着采空区的扩大，这种梁拱式平衡在工作面推进过程中将规则的发生失稳—平衡—再失稳—再平衡的交替变化，在压力平衡拱内产生离层，这就形成了采动影响下覆岩产生离层的动态过程。

采动覆岩体中离层的产生、发展及其最终闭合是一个非常复杂的力学过程。受地层结构、上覆岩层岩性及开采深度、采区尺寸、工作面推进速度等因素的影响，离层的分布规律有所不同，但总体上具有以下三个特征。

1) 客观性

离层是客观存在的。煤层采出后，从顶板垮落到地表沉陷，实质上是开采空间在覆岩中转移的过程。在这一过程中，岩层受自重和上覆载荷作用产生弯曲变形和移动。由于煤系地层沉积特征和地层结构与岩性上的差异，必然会使相邻两岩层弯曲下沉不同步，当下位岩层弯曲挠度大于上位岩层弯曲挠度时，二者产生法向分离，即形成离层空间。

2) 空间性

离层在覆岩中的产生、发展具有一定的空间分布规律。在一定的开采范围内，宏观上可将采场上覆岩层内卸压与增压区的分布形态视为压力平衡拱结构。拱顶以上岩层呈整体弯曲下沉，基本不出现离层。拱内岩层在自重和水平应力作用下呈单层或层簇板弯曲变形，并在拱内出现离层。离层的传播高度和最大离层跨度随压力平衡拱结构的增大而增大，直到覆岩中形成极限拱为止。极限拱的形成标志着离层传播高度达到了极限。此后随着开采尺寸的继续增大，极限拱失稳破坏，离层闭合消失，拱顶以上覆岩整体弯曲下沉，直至地表。在达到极限拱之前，随开采尺寸的增大，压力平衡拱结构由小到大变化。在超过极限拱之后，平衡结构破坏。

3）时间性

离层空间从产生、发展到闭合消失具有时间性。离层空间的时间性表现在两个方面：一是在采动过程中，随着开采空间的不断增大，离层伴随着压力平衡拱结构向上覆岩层中的发展而逐步扩展，当达到极限拱状态时，又随着极限拱的周期性破坏与重新形成向前发展，即离层的空间位置是动态的，其扩展与开采工作面推进速度及尺寸有关；二是覆岩中某个离层在时间上都要经历产生、发展、闭合到消失的过程。离层空间的持续时间与产生离层的上下位岩层的岩性、岩层厚度、离层空间的跨度、井下开采深度以及开采尺寸等因素有关。

采动覆岩中离层是客观存在的，且具有一定的时空规律。

2. 离层上下位岩层挠度计算

根据覆岩离层的发展具有时空性，在进行离层量的计算时需要对时间因素进行考虑。

图2-4所示为煤层开采后离层形态的剖面图。从图中可以看出，当离层产生后，下位岩层已失去了对上位岩层中部的支撑，上位岩层可根据黏弹性固支梁来计算，而下位岩层在其下部岩体的支撑作用下继续沉降，这时的下位岩层可视为放在黏弹性地基上的黏弹性梁，黏弹性地基梁与黏弹性固支梁的挠度之差，即为离层裂缝的宽度。

1）上位岩层挠度的计算

图2-5为上位岩层挠度计算模型图，长为$2l$的黏弹性固

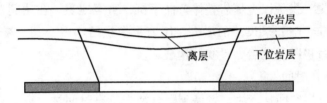

图 2-4　离层形态剖面图

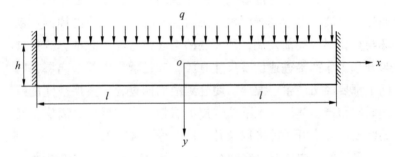

图 2-5　上位岩层挠度计算模型

支梁，受均布荷载 $q(t)$ 的作用，建立力学坐标系。

根据黏弹性问题与弹性问题求解的相应原理，首先解相应的弹性梁问题。根据弹性力学理论受均布荷载 $q(t)$ 的弹性固支梁的挠度可表示为

$$y(x、t) = \frac{q(t)}{24EI}(x^2 - l^2)^2 \tag{2-8}$$

设 $q(t) = q_0 H(t)$，表示出 $\bar{y}(x、s)$，则

$$\bar{y}(x、s) = \frac{1}{24I}\left(\frac{q_0}{s}\right)\frac{x}{s\,\overline{E(s)}}(x^2 - l^2)^2 = \frac{q}{24I}\overline{J}(s)(x^2 - l^2)^2$$

$$\tag{2-9}$$

最后得到黏弹性材料梁的挠度为

$$y(x,t) = \frac{q_0}{24I}J(t)(x^2 - l^2)^2 \qquad (2-10)$$

假设岩体符合广义开尔文体模型，覆岩蠕变柔量的表达式为

$$J(t) = \frac{1}{E_2} + \frac{1}{E_1}(1 - e^{\frac{-E_1 t}{\eta_1}}) \qquad (2-11)$$

则黏弹性固支梁最后的挠曲线表达式为

$$y_{上}(x,t) = \frac{q_0}{24I}\left[\frac{1}{E_2} + \frac{1}{E_1}(1 - e^{\frac{-E_1 t}{\eta_1}})\right](x^2 - l^2)^2 \qquad (2-12)$$

当上位岩层随着悬跨距的增大，在某一时刻两端部断裂，这时的岩梁挠度应按简支梁计算，这种情况通常发生在离层层位达到充分采动情况下的后期。其挠度的表达式可用上述同样的方法得到

$$y_{上}(x,t) = \frac{q_0}{24I}\left[\frac{1}{E_2} + \frac{1}{E_1}(1 - e^{\frac{-E_1 t}{\eta_1}})\right](8l^3 - 4lx^2 + x^3)$$

$$(2-13)$$

2）下位岩层挠度的计算

下位岩层视为黏弹性地基上的黏弹性梁，计算模型如图 2-6 所示，上覆荷载为岩层的自重及上覆软弱夹层的重量，用 q' 表示，建立力学坐标系。

设梁的挠度为 $y(x,t)$，$q'(x,t)$ 和 $r(x,t)$ 分别为上覆荷载和支承反力，根据弹性基础梁的 Winkler 假定，设支承反力只决定于该点处梁的挠度和支承介质的性能，即

$$P_f r(x,t) = Q_f[y(x,t)] \qquad (2-14)$$

其中，P_f、Q_f 为支承材料黏弹性微分算子。

在分布荷载和分布支承反力的作用下，其平衡关系为

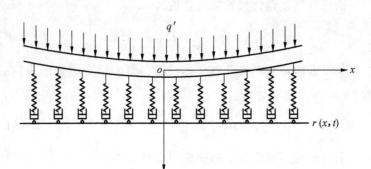

图 2-6　下位岩层挠度计算模型

$$M'' = q' - r \tag{2-15}$$

黏弹性材料的本构方程通式表示为

$$P_b \sigma = Q_b \varepsilon \tag{2-16}$$

其中，P_b、Q_b 为微分算子。

利用微分算子的特性，便可得到黏弹性基础上黏弹性梁的挠度微分方程通式为

$$IP_f Q_b Y'''' + P_b Q_f Y = P_f Q_b P_q \tag{2-17}$$

如果梁和基础都符合广义开尔文式模型，则可得出 P_f、P_b、Q_f、Q_b 的值为

$$P_f = 1 + P_1 \frac{\partial}{\partial t}$$

$$P_b = 1 + P'_1 \frac{\partial}{\partial t}$$

$$Q_f = q_0 + q_1 \frac{\partial}{\partial t} \tag{2-18}$$

$$Q_b = q'_0 + q'_1 \frac{\partial}{\partial t}$$

将 P_f、P_b、Q_f、Q_b 代入挠曲微分方程，结合边界条件便可得到下位岩层的挠曲线表达式 $y_下$ （x，t）。

离层裂缝的高度为 $\delta = y_下(x,t) - y_上(x,t)$。

在离层上下位岩体各力学参数确定的情况下，便可计算离层量随时间的发展过程。

3. 最大离层空间体积的预计

在实际的离层空间体积计算中，计算离层体积的动态变化过程是不容易的，从理论上讲，应用上述计算方法可以计算动态的离层量，然而上述计算需要确定离层上下位岩体的力学参数，特别是流变参数的确定给计算带来了很大的困难。因此，对最大离层空间体积的预计常采用简化且易于实现的方法进行。

离层空间体积与井下开采空间体积大小成正比，同时还与离层层位岩层的采动充分程度有关。由于回采工作面一般走向较长，离层层位的岩层在走向上可达到充分采动，所以离层空间体积大小可用其倾向剖面的离层裂缝断面积与走向长度的乘积近似表示。

在倾斜剖面上，离层裂缝的断面积也是一个动态变化过程，进行离层空间体积预计，应是一种理想条件下的最大离层空间体积预计。在对工程实际问题的简化后，对离层空间计算的理想条件做一些基本假定：

（1）在走向方向上的任一倾斜剖面上，最大离层断面的大小和形状是相同或近似相同的，开切眼和终采线两端存在的端部效应可以忽略不计。

（2）离层空间上位岩层的下沉曲线 $Y(x)$ 可以用梁的变形挠度曲线表达，其约束条件为两端嵌固，载荷为上覆岩层重量。

（3）离层空间下位岩层的弯曲沉降符合开采沉陷理论的覆岩内部岩移规律，下沉曲线 $W(x)$ 可以用覆岩内部岩移曲线表达。

下位岩层下沉曲线的拐点平移距 S，可以用离层滞后角 ϕ 求得

$$S = h/\tan\phi \qquad (2-19)$$

式中　S——拐点平移距；

　　　h——层位高度；

　　　ϕ——离层滞后角，ϕ 值与岩性有关，一般取值范围为 $60° \sim 70°$。

下位岩层下沉曲线的最大下沉值 W_0 可以通过岩移理论确定。

设一采场开采长度为 D_2，采宽为 D_1，采厚为 M，则最大离层空间体积 $V_{离}$ 为

$$V_{离} = D_2 \int_0^{D_1} \left[W(x) - Y(x) \right] \mathrm{d}x \qquad (2-20)$$

式中　$Y(x)$——上位岩层的下沉曲线函数；

　　　$W(x)$——下位岩层的下沉曲线函数。

$$\begin{cases} W(x) = W'(x) - W'(x - D_1) \\ W'(x) = W_0 \int_0^r \dfrac{1}{r} e^{-\pi(x-s)^2/r^2} \mathrm{d}s \end{cases} \qquad (2-21)$$

式中　r——主要影响半径。

$$\begin{cases} Y(x) = \dfrac{q_0 l^4}{12 W_z h} \cdot \dfrac{x^2}{D_1^2} \left(1 - \dfrac{x}{D_1} \right)^2 \\ W_z = \dfrac{1}{6} E h^2 \end{cases} \qquad (2-22)$$

式中　q_0——梁所受均布载荷；

　　　h——梁的厚度；

L——梁的跨度；

E——岩层弹性模量；

W_z——岩梁的抗弯刚度。

2.3 华丰煤矿巨厚砾岩覆岩离层特征

2.3.1 矿井概况

华丰井田位于京沪铁路磁窑车站以东 8 km，磁莱铁路华丰车站以北 2 km。东起北故城，西至西磁窑，南起 16 煤层露头，北至 -1500 m 水平。井田东西走向长平均 7.7 km，南北倾斜宽平均 2.45 km，面积 18.9 km²，华丰井田位置如图 2-7 所示。

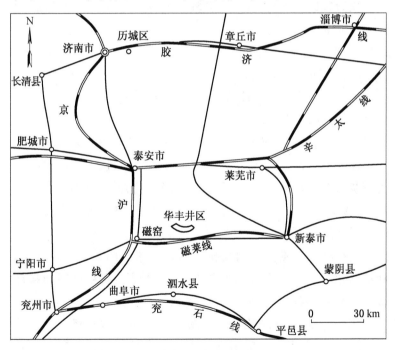

图 2-7 华丰井田位置示意图

华丰煤矿于 1959 年投产，设计生产能力 0.6 Mt/a，1983 年改扩建，改扩建后设计生产能力 0.9 Mt/a，2010 年核定生产能力为 1.2 Mt/a。矿井开拓方式为斜井多水平开拓，各水平布置水平运输大巷，上下组煤单独开拓，各煤层间以石门联系，采用混合式通风。开采顺序由浅到深、由上到下。矿井现主采煤层 4 煤层已采至 -1350 m 水平，采深已达 1480 m 以上，是目前国内采深最大的矿井之一。

华丰煤矿为煤层群开采，故采用分组联合，双翼上山方式布置采区，分组下行式开采。前组采区开采 4 煤层、6 煤层，后组采区开采 11 煤层、13 煤层、15 煤层、16 煤层。采区走向长度为 1100 ~ 1500 m，阶段垂高 80 ~ 100 m，工作面斜长 140 ~ 160 m。

2.3.2 研究区域地质概况

1. 区域地层

华丰井田地质综合柱状图如图 2 - 8 所示。

1）煤系地层

（1）石炭系上统太原组：厚度 122.75 ~ 183.65 m，平均 153.20 m。岩性主要为深灰色黏土岩、粉砂岩、浅灰色砂岩，夹石灰岩四层及泥灰岩 1 ~ 3 层。本组共含煤 13 层（第 5、6、7、8、9、10、11、12、13、14、15、16、17 煤层），其中可采煤层 5 层（第 6、11、13、15、16 煤层）。本组属典型的海陆交互相沉积，旋回结构及粒度韵律清晰而明显，岩相齐全，动植物化石丰富。上界为 5 煤层间接顶板（或 4 煤层间接底板），厚层砂岩底部，与山西组整合接触。

（2）二叠系下统山西组：厚度 76.20 ~ 115.35 m，平均 94.80 m，两翼不同程度地遭受古近系剥蚀。岩性以灰白至灰色中细砂岩、深灰至灰黑粉砂岩及浅灰色黏土岩为主，可采 4

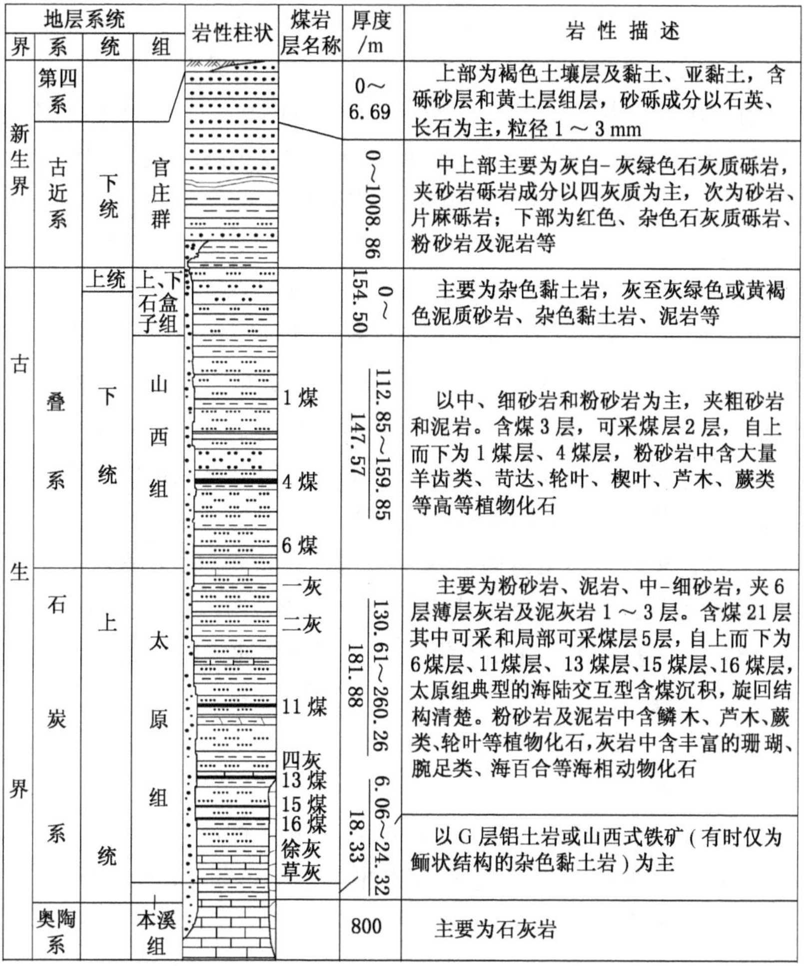

地层系统				岩性柱状	煤岩层名称	厚度/m	岩　性　描　述
界	系	统	组				
新生界	第四系					0～6.69	上部为褐色土壤层及黏土、亚黏土,含砾砂层和黄土层组层,砂砾成分以石英、长石为主,粒径1～3 mm
	古近系	下统	官庄群			0～1008.86	中上部主要为灰白-灰绿色石灰质砾岩,夹砂砾岩成分以四灰质为主,次为砂岩、片麻砾岩;下部为红色、杂色石灰质砾岩、粉砂岩及泥岩等
古生界	二叠系	上统	上、下石盒子组			0～154.50	主要为杂色黏土岩,灰至灰绿色或黄褐色泥质砂岩、杂色黏土岩、泥岩等
		下统	山西组		1煤　4煤　6煤	112.85～159.85 / 147.57	以中、细砂岩和粉砂岩为主,夹粗砂岩和泥岩。含煤3层,可采煤层2层,自上而下为1煤层、4煤层,粉砂岩中含大量羊齿类、苛达、轮叶、楔叶、芦木、蕨类等高等植物化石
	石炭系	上统	太原组		一灰　二灰　11煤　四灰　13煤　15煤　16煤　徐灰　草灰	130.61～260.26 / 181.88 ; 6.06～24.32 / 18.33	主要为粉砂岩、泥岩、中-细砂岩,夹6层薄层灰岩及泥灰岩1～3层。含煤21层其中可采和局部可采煤层5层,自上而下为6煤层、11煤层、13煤层、15煤层、16煤层,太原组典型的海陆交互型含煤沉积,旋回结构清楚。粉砂岩及泥岩中含鳞木、芦木、蕨类、轮叶等植物化石,灰岩中含丰富的珊瑚、腕足类、海百合等海相动物化石
							以G层铝土岩或山西式铁矿(有时仅为鲕状结构的杂色黏土岩)为主
	奥陶系		本溪组			800	主要为石灰岩

图2-8　华丰井田地质综合柱状图

煤层,为本区主要含煤地层,陆相含煤沉积。上界为1煤层间接顶板砂岩底部,与石盒子组整合接触。

2)煤系上覆地层

（1）古近系官庄组：厚度 0 ~ 1008.86 m，由浅至深逐渐增厚。从两翼到中深部，分别不整合于下伏的奥陶系灰岩、本溪组、山西组及石盒子组各地层之上。本组地层一般由砾岩和红色砂岩组成，其中砾岩大致可分为三段：上段一般厚 500 m以上，深部增厚，为巨厚砾岩层，夹薄层红褐色黏土岩。砾岩成分以石灰质为主，次为砂岩、片麻岩。基底式胶结，分选及磨圆度均很差，为洪水冲积的山前堆积物及冲积扇沉积。中段夹较多黏土岩薄层，下段为砾岩与砂质黏土岩互层段，但砾岩厚度远大于黏土岩。砾岩以下为红褐色砂质黏土岩或黏土质粉砂岩，夹薄层砾岩或含砾砂岩，俗称"红砂岩"，厚度 9.60 ~ 74.80 m，平均为 32.50 m，为较好的隔水层。本组地层在地表大面积出露，构成了低缓的丘陵地貌。

（2）第四系表土流砂：厚度 0 ~ 6.69 m，角度不整合于下伏砾岩之上。主要分布于地表平缓、低洼地带及故城河两岸，由褐色土壤及黏土、亚黏土组成，在河流及冲沟两侧还发育厚度不等的流砂层。砂砾成分以石英、长石为主，次为云母，粒径多为 1 ~ 3 mm。

2. 区域构造

该区域总体构造形态仍为一向北东倾伏的简单向斜，没有明显的次级褶曲显示，发育稀疏的落差小于 30 m 的正断层，故属简单构造。从西向东地层走向，西北部由 10° 渐变为320°，中部由 320° 渐变为 270°，东北部由 90° 渐变为 40°；倾向由东变为北及北西，总体为北东；倾角 32° ~ 38°，一般33°。

区内共查出断层 3 条，全部为正断层，断层的走向分为北东向和北西向两组方向。断层落差大于等于 20 m 的 1 条 F_{51}，4煤层 2 条（F_{51}、F_{52}），16 煤层 3 条（F_{51}、F_{52}、F_{53}）。

3. 主采煤层情况

区域内可采煤层有 6 层，其中第 4、6、11、16 煤层为稳定煤层，第 13 煤层、15 煤层为较稳定煤层。目前主要开采 4 煤层、6 煤层。

从上部已开采的 4 煤层工作面附近钻孔看，4 煤层在本区为一结构较为简单的厚煤层，厚度在 5.5 ~ 6.9 m，平均厚度 6.2 m，变异系数 22%。4 煤层厚度大，煤层结构简单，为全区大部可采的稳定煤层。根据井下实际观测及煤样实验结果，4 煤层节理、裂隙较发育，该煤层煤体单轴抗拉强度与单轴抗压强度之比较小（约为 0.05），有利于顶煤在支承压力及弯曲旋转作用下产生破坏，有利于放顶煤开采。4 煤层顶板一般为细砂岩或粉砂岩，厚度 0.38 ~ 20.70 m，底板一般为粉砂岩或细砂岩，厚度 0.60 ~ 26.75 m，下距 6 煤层 37.30 ~ 43.31 m，平均 39.32 m。

6 煤层煤厚度 0.80 ~ 1.25 m，平均厚度 1.13 m，变异系数 10%。煤层结构简单，不含夹矸，6 煤层为全区大部可采、结构简单的稳定煤层，煤层赋存标高 –700 ~ –1700 m。6 煤层顶板一般为粉砂岩或细砂岩，厚度 1.60 ~ 4.35 m，平均厚度 3.25 m；底板一般为粉砂岩或细砂岩，厚度 1.90 ~ 14.85 m，平均厚度 10.99 m；下距一灰 13.60 ~ 14.85 m，平均厚度 14.02 m；下距 11 煤层 96.47 ~ 102.31 m，平均厚度 100.36 m，间距稳定。

2.3.3　深部开采覆岩体破坏的离层特征

华丰煤矿一采区煤系地层及以上红层、砾岩的物理力学性质已基本明确，岩层组合为上坚硬—下软弱型，为离层空间的发育扩展提供了条件。郭惟嘉[86]针对华丰煤矿复合层状岩体结构的特点，编制了基于半解析方法的有限层与有限棱柱耦合的三维数值计算程序，对华丰煤矿覆岩沉陷及离层发育进行模拟计算分析，获得了开采覆岩体内各特征剖面的形变分布。其中，沿开采煤层走向方向主剖面的覆岩沉陷分布[86]如图2-9所示。

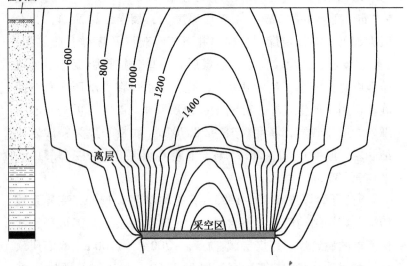

图2-9　走向主剖面覆岩下沉等值线

下沉等值线在距煤层120 m处即砾岩与红层界面出现了折线，在两个岩性相差较大的层面接触弱面处，下沉曲线呈现非光滑，表现了离层裂缝的存在，根据曲线的转折程度，可以判断离层的大小沿倾斜主断面离层的形态。煤矿覆岩岩层交界面特征对覆岩移动与变形影响很大，在岩层之间的界面即层面处，层面抗剪强度比一般完整岩石低。在一定的法向压力作用下，在力学性质不同的岩层界面上产生应力集中，层面由于剪应力作用产生沿层面方向的滑移，形成层间剪切带。在层间滑动剪切力作用下，当剪应力超过层间接触面上的内聚力和摩擦力时，两岩层间沿层面产生离层裂缝，其上、下岩层沉陷运动产生非协调性。不同岩层间力学参数见表 2-1。

表 2-1　不同岩层间力学参数表

岩层类别	弹性模量/GPa	重力密度/(kN·m⁻³)	泊松比
上部砾岩	44.80	26.8	0.20
下部砾岩	49.20	26.8	0.20
红层	22.10	23.5	0.22
泥岩	12.10	26.5	0.23
砂岩	38.80	26.5	0.20
煤	11.00	14.0	0.27
破碎带	0.98	16.0	0.10

为了获得离层产生发展规律，结合现场实际需要，采用钻孔探测与地球物理探测相结合的方法，在煤层开采期间，对受采动影响的覆岩体离层演化进行了探测。钻孔超声成像观测，当换能器在钻孔内快速旋转并同时沿孔轴移动时，超声波束便对孔壁连续扫描，并将扫描回波信号经过转换在显像管荧光屏上显示出来，由自动照相机拍摄下来就可以得到孔壁结构的展开图像[87]。在古近系砾岩与红层的交界面处，电阻率、声波速度和自然伽马曲线均出现了明显的变化，表明了煤层开采后有较大离层裂缝的产生（按实际比例换算，离层裂缝发育高度在 1.2 m 左右）。

2.3.4　巨厚砾岩覆岩离层空间计算

考虑到工作面为窄条形的长方形形状，可忽略工作面开切

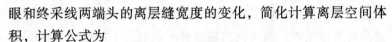

眼和终采线两端头的离层缝宽度的变化，简化计算离层空间体积，计算公式为

$$V_{离} = D_2 \int_0^{D_1} \left[W(x) - Y(x) \right] \mathrm{d}x \qquad (2-23)$$

式中　　D_1——工作面的倾向长度，$D_1 = 142$ m；

　　　　D_2——工作面的开采长度，$D_2 = 2160$ m；

　　　　$W(x)$——下位岩层沿工作面斜长方向的下沉分布函数，参数按照岩移预计方法选取，其空间分布类似正态分布，最大下沉值为 2.1 m，$W(x) = 2.1 \int_0^r \frac{1}{r} \mathrm{e}^{\frac{-\pi(x-s)^2}{r^2}} \mathrm{d}s$；

　　　　$Y(x)$——上位岩层沿工作面斜长方向的下沉分布函数，可按梁的理论进行计算。

根据式（2-23）计算求出 1410 工作面开采后覆岩离层的最大空间体积约为 3.22×10^5 m³。

2.4　巨厚砾岩覆岩运动与采场应力分布

煤层的开采，使得煤层的上覆岩层垮落、断裂、离层。离层是由受采动影响覆岩不协调沉陷产生的，在离层发育过程中，由于覆岩沉陷层面上下岩层运动的不协调性，即上位巨厚坚硬砾岩的岩层的变形量小，下沉运动较为迟缓，下位红层下沉量较大，砾岩层底部与软弱红层之间产生大范围的离层空隙。离层空隙的产生与发展，使巨厚砾岩下部悬露面积增大，出现缓沉，在巨厚砾岩上表面下沉盆地四周及下表面中间部分产生拉应力。由于砾岩与红层间离层的出现，巨厚砾岩裂隙开始发育贯通，砾岩发生弯曲沉降，产生微破坏，在未发生大规模垮落破断前，水平方向上保持了力的传递，这种状态称为砾岩相对稳定状态；当离层空间的范围达到一定值时，砾岩内裂隙贯通到一定程度，发生破断或滑移垮落，称为砾岩失稳状态。这两种状态下覆岩应力分布演化规律分析如下。

2.4.1 砾岩相对稳定状态下覆岩运动与应力分布

随着工作面的推进，采动影响范围由煤层顶板不断向上覆岩层扩展。在红层的上部，离层空隙开始产生并逐步扩展。如图 2 – 10 所示，离层的出现，上覆砾岩层成为板状悬空岩梁状态，一方面使得上下两岩层接触面应力转移，造成 A、B 两区域应力集中，另一方面覆岩发生缓沉，此时，缓沉的巨厚砾岩将以红层 A、B 两区域为支点，对四周的岩层产生杠杆作用，导致沉陷盆地四周岩层翘起，在地表表现为"反弹"或"反弹趋势"。地表反弹上升的阶段，在覆岩未发生断裂时，水平方向上保持了力的传递，连续的覆岩体减弱了沉陷盆地四周鼓起的程度，但同时也增大了 A、B 两区域的应力集中强度，使得 A、B 两区域应力集中程度进一步升高，经过下方岩体的转移，在煤体形成应力集中区，随着煤体的开采，离层空间的增大，

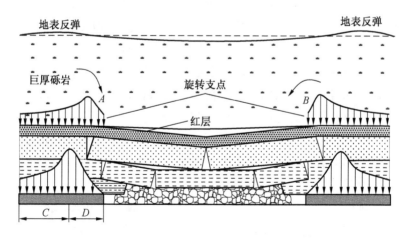

图 2 – 10　稳态时巨厚砾岩应力分布示意图

应力集中程度进一步增大。实测表明，当地表出现"反弹"或"反弹趋势"时，井下发生冲击地压的频度和烈度都有所增高。

高应力传递至采场时，在 C 段形成瞬时附加压缩应力；由于煤层顶底板的夹持作用，D 段范围内煤层又对内压力产生侧向约束阻力，从而使 C 段易积累高侧压。如果 D 段中的内压力超过 D 段侧向约束阻力，D 段煤岩就会向巷道一侧发生移动，直至重新建立平衡为止。但是由于扰动作用使 D 段发生层裂破坏，造成 D 段范围内顶底板夹持作用突然弱化，这种弱化又会导致 D 段内潜在裂隙面剪应力的突然降低，使 D 段煤层突然丧失侧向约束阻力，从而诱发煤层冲击破坏。从以上分析可知，覆岩缓沉引起的应力扰动不仅使巷道周边煤体发生层裂破坏降低其侧向约束阻力，而且在煤体中形成高应力。

2.4.2　砾岩失稳状态下覆岩运动与应力分布

随着工作面的推进，离层空间不断扩展，当采空区扩大到一定范围后，砾岩的跨度和悬空面积也将达到最大值，离层为巨厚砾岩提供了运动空间。当覆岩在拉应力区发生断裂时，巨厚砾岩沿断裂面以巨大的能量冲向红层，产生强烈震动，巨厚砾岩在中部断裂后，快速下沉并伴有巨大声响。

坚硬巨厚砾岩的断裂对冲击地压起到了诱冲作用，其主要表现为砾岩在以较高的冲击载荷方式对煤体造成损伤；动载冲击不仅使巷道周边煤体发生层裂破坏降低其侧向约束阻力，而且在煤体中瞬间形成了高应力，处于工作面支承压力带内的巷道，受到动载冲击时其最大垂直和水平应力上升较快，开采过程中更易发生强烈冲击现象。

研究表明：顶板断裂震动持续时间与顶板厚度呈线性关系，对煤体的震动损伤与顶板厚度呈乘幂关系，从极限悬顶长度的一半开始，煤体的冲击危险性显著升高，顶板岩层释放的能量与岩层强度呈对数关系，岩层运动产生的动能和释放的总能量分别与顶板厚度呈指数和乘幂关系。滑移失稳动态诱发冲击矿压比稳态诱发冲击矿压更容易发生，且释放能量更大。

覆岩一般在地表发生断裂，即出现地表斑裂，在发生斑裂瞬间，上覆岩层产生迅速下沉、旋转，使区域 A 应力迅速升高，上覆砾岩的断裂产生的动载与支承压力产生叠加，造成工作面周边围岩应力状态急剧变化，局部生成超高应力集中，如图 2–11 所示。如动载作用前煤岩体已经处于冲击危险状态，在动载产生的强烈震动作用下煤岩体瞬间变形，形成冲击地压。当覆岩运动稳定后，煤岩体应力又恢复稳定。

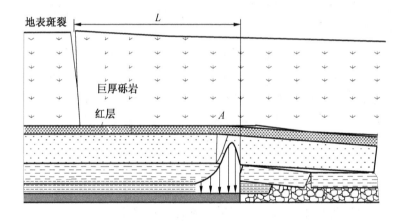

图 2–11　巨厚砾岩地表出现斑裂时应力分布示意图

2.5　本章小结

（1）一般条件下煤层开采覆岩发生移动变形具有明显的分带性：垮落带、断裂带、弯曲带，其特征与开采条件及覆岩结构有关。覆岩运动方式受岩层厚度、岩性、软弱夹层性质等因素影响，在采动过程中上覆岩层产生一定的离层。对覆岩离层产生的条件、离层动态发育过程进行了分析，并对离层空间进行了计算。

（2）根据华丰煤矿的地质条件以及覆岩的岩性组合特征，总结了华丰煤矿覆岩离层发育规律及离层特征，砾岩与红层这两个岩性相差较大的层面接触弱面处产生了大范围的离层裂缝。

（3）得出了相对稳定状态下巨厚覆岩地表产生反弹的机理及采场分布规律。离层的出现，上覆砾岩层成为板状悬空岩梁状态，一方面使得上下两岩层接触面应力转移，造成离层四周应力集中；另一方面覆岩发生缓沉，缓沉的巨厚砾岩将以下部离层四周为支点，对四周的岩层产生杠杆作用，导致沉陷盆地四周岩层翘起。在地表表现为"反弹"或"反弹趋势"。地表反弹上升的阶段，在覆岩未发生断裂时，水平方向上保持了力的传递，连续的覆岩体减弱了沉陷盆地四周鼓起的程度，但同时也增大了离层应力集中强度，使得应力集中程度进一步升高，经过下方岩体的转移，在煤体形成很高的应力集中区，随着煤体的开采，离层空间的增大，应力集中区的应力进一步增大。

（4）得出了失稳状态下采场应力分布规律。巨厚砾岩拉断破坏后，巨厚砾岩沿断层滑动或旋转，离层为巨厚砾岩提供了运动空间，砾岩以一定动能冲向下部岩层，巨厚砾岩断裂产生的动载与支承压力相互叠加，造成工作面周边围岩应力状态急剧升高，局部生成超高应力。当运动停止后，采场应力降低。

3 巨厚砾岩覆岩运动室内 实验与数值模拟研究

室内模拟实验及数值模拟研究是进行采矿工程研究的重要手段，可以多次重复定性分析覆岩形变规律及特征。本次采用相似材料模拟实验研究了巨厚覆岩运动及破坏规律，利用机械模拟实验研究了覆岩运动的结构特征和应力场演化规律，并通过数值模拟软件对巨厚砾岩下离层的演化规律、覆岩运动及应力演化规律进行了研究。

3.1 巨厚砾岩深井开采覆岩运动相似材料模拟实验研究

相似材料模拟研究是目前采矿工程及其他岩土工程中的重要研究手段之一，它以苏联学者兹涅佐夫提出的相似理论为基础，形成了一整套从物理实验、力学实验、模型实验直到工程实践的研究方法[104]。

相似材料模拟实验是可以人为改变采场围岩条件，并进行新方案、新技术的实验，并且能够提供较有价值的参考数据，从而来解决目前理论分析中尚不能解决的一些课题。但是，相似材料模拟方法也有其局限性，现场岩土工程及采场覆岩的活动规律、受力状态等比较复杂，弱面、层理、节理较多，发育不同，直接影响矿山压力的活动规律。因此，相似材料模拟方法必须与理论分析、现场实测等方法相互配合使用，才能达到预期的效果。

3.1.1　实验研究目的与方法

相似材料模拟实验是在实验室利用相似材料，依据现场岩层柱状图和煤（岩）体力学性质，按照相似材料理论和相似准则制作与现场相似的模型，然后进行模拟开采，在模型开采过程中对由于开采引起的覆岩运动情况以及支承压力分布情况进行不间断观测。总结模型中的实测结果，利用相似准则，推算或反推该条件下现场开采时的围岩运动规律和支承压力分布情况，从而为现场实践提供理论依据。

本次实验的目的就是在确保条件相似的情况下采用相似材料模拟方法，对物理模型做尽可能的简化，研究煤层开采引起的巨厚覆岩运动和破坏规律。在进行相似材料模拟实验时，尤其是大比例模型实验，当基岩厚度较大时，模型往往只铺设到需要考察和研究的范围为止。其上部岩层不再铺设，而以均布载荷的方式加载模型上边界，所加载荷大小为上部未铺设岩层的重力。这一方法是建立在力学相似理论基础之上的，其满足的条件是，模型和被模拟体必须保证几何形状、质点运动的轨迹以及质点所受的力必须相似。

3.1.2　相似模型条件

本次实验以华丰煤矿 1410 综放工作面煤层开采为原型进行深井巨厚砾岩下覆岩运动规律研究。进行相似材料模拟实验时，模型和被模拟体的几何形状、质点运动轨迹及质点所受的力相似[105,106]。

1. 几何相似

几何相似要求模型与原型的几何形状要相似，二者的几何尺寸（包括长、宽、高）均保持一定比例，即

$$\alpha_l = \frac{l_m}{l_p} \qquad (3-1)$$

式中　α_l——模型比例尺寸，称为几何相似常数；

　　　l_m——模型几何尺寸；

　　　l_p——原型几何尺寸。

2. 动力学相似

运动学相似要求模型与原型间作用力保持相似，即

$$\alpha_M = \frac{M_m}{M_p} \qquad (3-2)$$

$$\alpha_F = \frac{F_m}{F_p} \qquad (3-3)$$

式中　α_M——质量相似常数；

　　　α_F——作用力相似常数；

　　　M_m——模型单元体积质量；

　　　M_p——原型单元体积质量；

　　　F_m——模型质点受力；

　　　F_p——原型质点受力。

根据牛顿第二定律，$F = Ma$ 和公式 $a = F_m/F_p$ 可推导出力场与力的相似条件为

$$\frac{N_m}{\rho_m \cdot L_m} = \frac{N_p}{\rho_p \cdot L_p} \qquad (3-4)$$

$$N_m = \frac{\rho_m}{\rho_p} \cdot \frac{L_m}{L_p} \cdot N_p = \alpha_l \cdot \alpha_\rho \cdot N_p \qquad (3-5)$$

$$\alpha_\rho = \rho_m/\rho_p \qquad (3-6)$$

式中　N_m——模型上的应力；

　　　N_p——原型上的应力。

上述是力场与力的相似条件式，只有满足上述条件，模型上所出现力学过程才与实际原型上的力学过程相似。故在进行模拟实验时，所配制的相似模拟材料必须尽可能地满足上述所

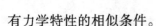

有力学特性的相似条件。

3. 运动学相似

运动学相似要求模型与原型中各对应点运动相似，运动时间保持一定比例，即

$$\alpha_t = \frac{t_m}{t_p} \qquad (3-7)$$

式中　α_t——时间相似常数，或称时间比例；

　　　t_m——模型质点运动时间；

　　　t_p——原型质点运动时间。

根据牛顿定律及岩层移动的相似准数推导方法，可以得出时间比例与模型比例的关系为

$$\alpha_t = \sqrt{\alpha_l} \qquad (3-8)$$

3.1.3　相似模型设计和制作

实验设计以相似理论为指导，所用相似材料主要包括两方面的原料：填料（或称骨料）和胶结物。填料多用河沙、云母粉、滑石等；胶结物有石膏、石蜡、碳酸钙、水泥等。对于模拟上覆岩层的运动，本次实验选取的胶结物为石膏，同时加入碳酸钙用以提高其强度，填料为河沙，各分层之间撒一层云母粉起分层作用。模拟对象及模拟比例的不同，可以通过不同配比的相似材料来实现。

本次实验在 2 m×0.2 m×2 m 平面实验台上进行，模拟华丰煤矿深井巨厚砾岩条件下厚煤层开采覆岩运动规律。按照相似模拟准则，选取模型的几何相似比为 1:200。由于实际煤层厚度为 6.2 m，根据相似比可求得模型煤层模拟厚度为 3.1 cm。相似材料实验模型框架图如图 3-1 所示。

模型按 1:200 的几何比例，可模拟推进长度为 300 m，模型的相似条件[107]为以下五个方面。

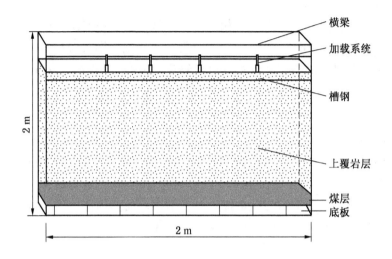

图 3-1 相似材料实验模型框架图

（1）几何相似：模型与原型相对应的空间尺寸成一定的比例，这是相似模拟实验的基本相似条件之一。设原型的 3 个相互垂直方向的尺寸 X_P、Y_P、Z_P，模型的相应尺寸为 X_m、Y_m、Z_m，取长度相似系数 $C_L = X_m/X_P = Y_m/Y_P = Z_m/Z_P = 1/200$。

（2）时间相似：取时间相似系数为 $C_t = T_m/T_P = \sqrt{C_L} = 1/15$。

（3）重力密度相似：设原型中第 i 层岩层的重力密度为 γ_{pi}，相应的模型中该岩层重力密度为 γ_{mi}，取重力密度相似系数为 $C_\gamma = \gamma_{mi}/\gamma_{pi} = 1/1.5$，则模型中各岩层的重力密度为 $\gamma_{mi} = \gamma_{pi}/1.5$。

（4）弹模相似：设原型材料弹性模量为 E_{pi}，模型材料的弹性模量为 E_{mi}，则各分层的弹性模量相似系数为 $C_E = E_{mi}/E_{pi} =$

$C_L C_\gamma = 1/300$。

（5）强度相似及应力相似：设原型材料的单向抗压强度为 σ_{cpi}，相应的模型材料的单向抗压强度为 σ_{cmi}，则各层材料的单向抗压强度的相似系数及应力相似系数为 $C_{\sigma e}$，则 $C_{\sigma C} = C_e C_\gamma = 300$。模型中各层材料的单向抗压强度为 $\sigma_{cmi} = \sigma_{cpi}/300$。

模型配比用料及铺设层次配比见表 3 - 1。模型几何相似比 1∶200，模型宽 2.0 m，厚 0.2 m。按照覆岩破坏拱理论预计，模型高度应大于开采范围的一半，根据工作面地质资料分析，模型共铺设 17 层，高度 1.46 m，各岩层间撒云母粉起分层作用，模型顶部采用液压系统通过工字钢对模型施压，每一分层中各种材料的重量按选中的比例进行计算。

表 3 - 1　模型配比用料及铺设层次

层号	岩性	实际厚度/m	模拟厚度/cm	重复次数	分层厚度/cm	配比号	重力密度/（g·cm⁻³）	材料用量/kg			
								沙子	碳酸钙	石膏	水
R17	巨厚砾岩	（800）	72	18	4	855	1.45	28.44	1.78	1.78	2.90
R16	黏土质粉砂岩	8.35	4.2	2	2.1	864	1.5	15.45	1.16	0.77	1.58
R15	泥岩	15.6	7.8	3	2.6	873	1.5	19.13	1.67	0.72	1.96
R14	黏土质粉砂岩	20	10	5	2	864	1.5	14.71	1.10	0.74	1.50
R13	泥岩	16.55	8.3	5	1.66	873	1.5	12.21	1.07	0.46	1.25
R12	中砂岩	3.85	1.9	2	0.95	855	1.6	7.45	0.47	0.47	0.76
R11	粉砂岩	4.6	2.3	2	1.15	864	1.5	8.46	0.63	0.63	0.87
R10	中、细砂岩	28.85	14.4	8	1.8	855	1.6	14.13	0.88	0.88	1.44
R9	泥岩	6.6	3.3	2	1.65	873	1.5	12.14	1.06	0.46	1.24
R8	中砂岩	3.95	2	2	1	855	1.6	7.85	0.49	0.49	0.80

表 3 -1（续）

层号	岩 性	实际厚度/m	模拟厚度/cm	重复次数	分层厚度/cm	配比号	重力密度/（g·cm^{-3}）	材料用量/kg			
								沙子	碳酸钙	石膏	水
R7	粉砂岩	3.05	1.5	2	0.75	864	1.5	5.51	0.41	0.28	0.56
R6	1 煤层	1.17	0.6	1	0.6	873	1.35	3.98	0.34	0.15	0.41
R5	粉砂岩	5.29	2.6	2	1.3	864	1.5	9.56	0.72	0.48	0.98
R4	粉砂岩、泥岩	5.25	2.6	2	1.3	873	1.5	9.56	0.84	0.36	0.98
R3	细中砂岩	20	10	5	2	855	1.6	15.69	0.98	0.98	1.61
R2	粉砂岩	2.6	1.3	1	1.3	864	1.5	9.56	0.72	0.48	0.98
R1	4 煤层	6.41	3.2	1	3.2	873	1.35	21.19	1.85	0.79	2.17
底板	中、细砂岩	10.1	2	1	2	855	1.5	14.71	0.92	0.92	1.50

根据以上确定的材料比例，按式（3 -9）计算模型各分层材料的总量[108,109]：

$$Q = r \cdot l \cdot b \cdot m \cdot k \qquad (3 -9)$$

式中 r——材料的重力密度；

　　　Q——模型各分层材料重量；

　　　l——模型长度；

　　　b——模型宽度；

　　　m——模型分层厚度；

　　　k——材料损失系数。

需要注意的是，本次相似材料模拟实验所研究的巨厚砾岩，厚度为 400 ~ 800 m，成分以石灰质为主，次为砂岩、片麻岩。由于受实验条件的限制，模拟部分巨厚砾岩载荷采用液压系统通过工字钢对模型施压来实现；针对巨厚砾岩的硬度大、完整性好的特点，通过调整材料配比和分层厚度即提高配比中碳酸钙的比例和增加分层厚度来提高巨厚砾岩的强度，使得模拟实验与实际更加接近；砾岩以下存在厚度大约 50 m 的红褐色砂质黏土岩或黏土质粉砂岩，夹薄层砾岩或含砾砂岩，俗称"红层"。

模型建造的基本原则是使既定的相似模拟准则在模型中实现。为了使模型的力学性能及力学条件满足于设计要求，必须使模型中的各种"岩层"材料都遵守既定的重力密度相似比。为此，模型实行分层建造，模型正面初始形态如图 3 - 2 所示。

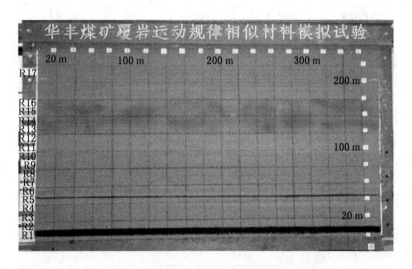

图 3 - 2　模型正面初始形态图

3.1.4　巨厚砾岩条件下覆岩运动变化规律

模型自 2011 年 8 月 21 日开挖煤层，每次推进 5 cm，相当于现场中实际推进 10 m。根据时间相似原则，每天共开挖 15 cm，相当于实际中推进 30 m。模型两端分别保留了 40 m 边界煤柱，用以消除边界效应。本次实验从左向右开采，因煤层较厚开采易导致上覆岩层溃塌，在前后加设护板。

1. 巨厚砾岩下部岩层运动规律

煤层开采后，直接顶随采随冒，其上覆岩层由于煤系地层沉积的分层性及结构与岩性上的差异性，采动覆岩体在弯曲沉降过程中产生不同步，这种不同步弯曲沉降引起岩层在层面（或弱面）上产生离层，并且离层随着工作面的推进逐步向上发展。

工作面由左面开切眼向右开挖 20 m，如图 3 - 3 所示，由于开采引起的运动空间的扩大，上覆岩层开始出现弯曲沉降，离层随开采向推进方向扩展，并有纵向裂隙发育。当工作面推进 40 m 的时候，顶板出现冒落现象，如图 3 - 4 所示，其他岩层保持"假塑性"状态，两端由煤体支撑，在推进方向上保持力的传递。当超过这一极限时，基本顶会发生剪切破坏，造成基本顶沿煤壁附近因整体切断而塌垮。

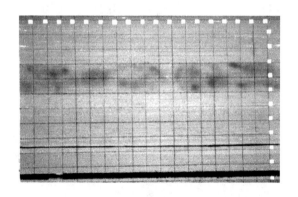

图 3 - 3　工作面推进 20 m

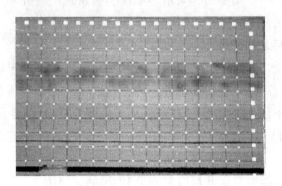

图 3 - 4　工作面推进 40 m

当工作面推进 70 m 时，基本顶 2.6 m 的粉砂岩层和 8 m 的细中砂岩下两层在直接顶端部发生剪切破坏。同时，基本顶中部由于拉伸产生较大拉伸裂隙，并发生整体性垮落，初次垮落步距为 70 m，垮落高度约为 12 m，垮落角度为 55° ~ 65°。此过程为基本顶"初次来压"过程，如图 3 - 5 所示。

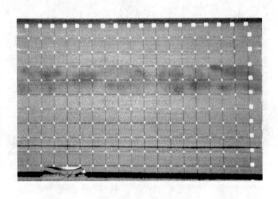

图 3 - 5　初次来压煤层覆岩破坏示意图

基本顶初次断裂完成后，工作面继续向前推进，上覆岩层离层向推进方向扩展，但扩展速度较慢，覆岩破坏范围与基本顶初次断裂稳定后的破坏范围相差较小。当工作面推进 90 m 左右时，基本顶岩梁出现第一次周期性断裂，工作面经历第一次周期来压，如图 3-6 所示，裂隙发育高度为 25 m，裂隙与煤层约成 45°。同时，断裂岩梁与岩层成"铰接岩梁"结构，且在 R3 第 4~5 层之间产生较大离层，离层高度为 6 m，离层跨度 50 m。

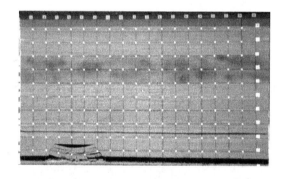

图 3-6　第一次周期来压煤层覆岩破坏示意图

当工作面推进 120 m 时，如图 3-7 所示，8 m 厚细中砂岩 R3 第 4~5 层，5.25 m 粉砂岩、泥岩 R4，5.29 m 粉砂岩 R5，1.17 m 煤层 1R6，3.05 m 粉砂岩 R7 及 3.95 m 中砂岩 R8 在端部断裂，裂隙发育高度为 51.9 m，裂隙与煤层约成 60°。下部垮落岩层被压实，并出现的较大的离层，离层高度为 5 m，离层跨度为 48 m。

当工作面推进 150 m 时，如图 3-8 所示，8 m 厚细中砂岩 R3 第 1~3 层垮落，同时，6.6 m 泥岩 R9 和 10.8 m 中、细砂

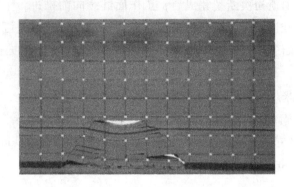

图 3 - 7　工作面推进 120 m

岩 R10 第 1 ~ 3 层在端部断裂，裂隙发育高度为 70.7 m，裂隙与煤层约成 45°，并出现较大离层，离层高度为 5.5 m，离层跨度进一步加大到 58 m。

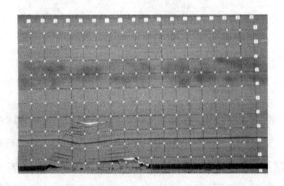

图 3 - 8　工作面推进 150 m

当工作面推进 190 m 时，如图 3 - 9 所示基本顶运动剧烈，18 m 厚中细砂岩 R10 第 4 ~ 8 层在端部断裂，裂隙发育高度为

88.7 m，裂隙与煤层约成 55°。岩层出现较大的离层，离层高度为 2.5 m，离层跨度进一步加大到 68 m。

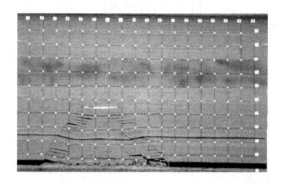

图 3 - 9　工作面推进 190 m

当工作面推进 220 m 时，如图 3 - 10 所示 4.6 m 厚粉砂岩 R11、3.85 m 厚中砂岩 R12 及 16.55 m 泥岩 R13 在端部微小断裂，裂隙发育高度为 113.7 m，裂隙与煤层约成 65°。岩层上部出现大的离层，离层高度为 2.6 m，离层跨度变小为 58 m。

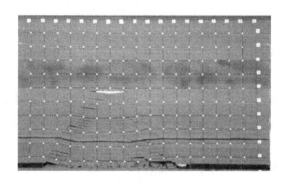

图 3 - 10　工作面推进 220 m

当工作面推进 250 m 时，如图 3 – 11 所示，44 m 厚"红层"整体性发生弯曲下沉，下部岩层被进一步压实，一部分断裂裂隙发生闭合，"红层"与巨厚砾岩之间出现较大的离层，离层高度为 2.4 m，离层跨度变大为 72 m。"红层"端部出现微小裂隙，裂隙发育高度为 157.7 m，裂隙与煤层约成 60°。

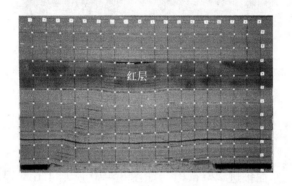

图 3 – 11 工作面推进 250 m

由于"红层"主要由泥岩组成，为软弱岩层，强度小，挠度比较大，岩层有防水性质，为很好的隔水层；而巨厚砾岩厚度大、强度大，其挠度近似为"0"。随着工作面的不断推进，离层逐渐向上发展，当离层发育至"红层"下部时，由于"红层"岩性软弱且挠度较大发生整体性弯曲，而巨厚砾岩强度大，能够支撑上覆岩层，发生较小或者不发生弯曲变形，"红层"和巨厚砾岩层的不同步弯曲沉降导致巨厚砾岩与"红层"间出现较大的离层。同时，巨厚砾岩积聚了大量的能量，由于受采动的影响，巨厚砾岩的整体性下沉会在覆岩中产生巨大的动压冲击，当这种冲击达到一定级别的时候容易对工作面造成一定影响，工作面有发生矿震的可能。

2. 巨厚砾岩（"红层"上部岩层）运动规律

由于煤层开采，导致煤体上覆岩层垮落、断裂、离层。在离层发育过程中，使覆岩沉陷层面上下岩层产生不协调性运动，砾岩层底部与煤系地层之间产生大范围的离层。离层的发育发展，使巨厚覆岩下部悬露面积增大，并出现缓沉，当巨厚砾岩在离层中部位置发生断裂时，巨厚砾岩剧烈运动，释放出大量的能量，将对工作面及周围巷道产生很大的动压冲击。

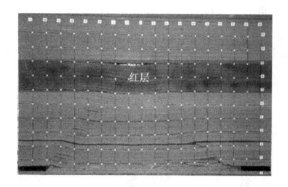

图 3 – 12　工作面推进 290 m

当工作面推进 290 m 时，如图 3 – 12 所示，巨厚砾岩层下部离层高度与跨度都达到最大，离层高度为 2.6 m，离层跨度约为 80.9 m。离层空间的加大，使得上覆砾岩层的板状悬空岩梁越来越不稳定，巨厚砾岩积聚了大量能量；随着时间的推移，能量会不断积累，当巨厚砾岩能量积累到一定程度时，如不对巨厚砾岩进行卸压措施，巨厚砾岩很容易发生冲击危险。并且作用在"红层"上面的冲击会"自上而下"沿岩层弱面进行传递，最终可能导致工作面产生冲击地压。

如图 3 – 13 所示，当工作面推 300 m 一段时间后，巨厚砾岩在中部发生断裂下沉，岩层中极少部分的岩块由于挤压垮落而被"抛出"；由于巨厚砾岩的急速下沉对下部岩层产生瞬间动压冲击，释放大量的能量，这种能量会自上而下沿岩层断裂弱面进行传递，当高集中应力能量传递到采场时，向采场周围空间释放，最终对工作面及周围巷道产生很大的动压冲击，导致大面积煤岩体在瞬间破坏或发生滑移运动，从而诱发工作面及采气区发生冲击地压。由此可见，巨厚砾岩层的运动是冲击地压发生的重要力源。上覆巨厚砾岩对华丰煤矿冲击地压的发生有着至关重要的影响。

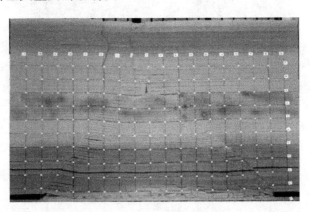

图 3 – 13　工作面推进 300 m

3.2　巨厚砾岩深井开采覆岩运动机械模拟实验研究

煤层开采后，上覆岩层形成的空间力学结构是研究覆岩运动规律与冲击地压的重点。了解采场支承压力的发展变化与上覆岩层运动之间的关系以及来压时刻围岩（顶板）应力集中程度，是解决冲击地压问题的基础。由于采场支承压力发展变化及其影响因素的复杂性和现场实际研究中采场上覆岩层运动的不可见性，这都给研究覆岩运动规律与冲击地压的理论研究带来了极大的困难。受到现场观测研究中测点布置与观测手段的制约，难以对随采场推进过程中支承压力动态发展变化情况作全面连续的测定。为此，本节将着重研究采动过程中支承压力发展演化过程、上覆岩层运动规律及其与冲击地压的关系，为煤矿深部开采覆岩运动规律与冲击地压的理论分析提供依据。

3.2.1 机械模拟实验台概述

1. 机械模拟实验台优点

对于复杂的地下工程问题，Ｔ·Ｈ·库兹涅佐夫教授于1936年创立了以采用相似材料模拟为基础的模拟研究方法，称为相似材料模拟研究法。多年来，这一研究方法在地下工程研究领域内得到了广泛的应用，但在实际研究过程中，还存在以下几个方面问题。

1）相似材料物理力学性质难以确定

采用相似材料模拟研究法，实验模型对相似材料本身的物理力学特性有较强的依赖性，特别是在模型实验的准备阶段，要花费大量的时间和精力来摸索各种相似材料的物理力学性质。

2）相似材料模拟实验相似性确定问题

由于模型在成型手段和方法上的落后现状以及其他客观因素的原因，使得模型的成型技术和成型质量等问题难以严格控制，加之相似材料的试件实验与模型实验的各种条件，其一致性无法保证，因而，在模型材料与试件材料的物理力学特性之间存有较大差异。差异因素始终影响着整个模型的实验过程，造成实验结果的不准确性。

3）相似材料模拟研究时间因素影响

相似材料模拟研究一般要经历模型实验相似材料的配比及其物理力学性质实验测定，模型的成型和干燥，模型的开挖等过程。模型实验中的相似材料是一次性破坏使用，较长的实验周期和相似材料的不重复性使用影响了其实用性。

对于上述几方面的问题，在相似材料模拟研究方法中是不可避免的，为克服以上相似材料模拟研究中的不足，使得模型实验既能满足实验研究目的，又能缩短实验周期，山东科技大学设计开发了机械模拟实验系统，该系统的设计是基于"以岩层运动为中心的矿山压力和岩层控制理论"，用以研究或演示在采场推进过程中，覆岩结构形变演化过程、上覆岩层破裂突变与应力场之间的对应关系以及煤柱上方弹性变形能聚集与释放规律。

2. 机械模拟实验台组成

JMT – Ⅰ型机械模拟实验台由模型的实验结构和测试控制系统两大部分组成。

1）实验结构部分

该模型的设计基础是以岩层运动为中心的矿山压力和岩层控制理论，依据相似理论，选取了塑料、橡胶和金属等无细粒结构的材料，作为制造模型的基本材料，并采用了机械模拟与物理模拟相互结合的方法，来满足模型实验的相似准则。模拟实验台如图 3 – 14 所示。

由于模型的设计采用了上述无细粒结构的材料和机械模拟的方法，因而使得模型具有以下三个方面的功能和特点。

（1）该模型主要是用以研究或演示在采场推进过程中，支承压力的发展变化与上覆岩层运动之间的关系以及来压时刻支架 – 围岩（顶板）相互作用的一种实验手段。在实验过程中，既可以在模型上形象、直观地看到采场上覆岩层的运动状态，

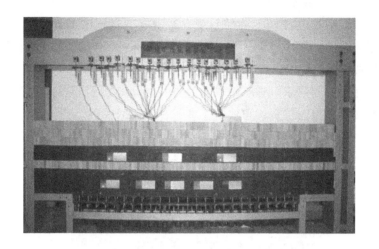

图 3-14 机械模拟实验系统图

又能通过测试仪器随时观察采场支承压力的分布状况及其发展变化趋势。

（2）模型在成型方式上，设计成为对整体模型可以化整为零的"积木"式排列成型方式。模型材料能够重复使用，并对模型的实验过程及其一些主要的物理力学特征采用了机械模拟的方法。例如，基本顶岩梁的裂断过程。

（3）该模型作为实验模型，它能够对"以岩层运动为中心"的矿压理论中的主要研究成果，特别是对采场支承压力的发展变化与上覆岩层运动间关系的理论，用模拟实验的方法得以证明。作为研究模型，它不仅能够在室内进行一定条件下采场支承压力发展变化规律的研究，而且还能对采场支架-围岩关系等问题的研究提供有效的手段。另外，还能作为演示模型，服务于教学实验，形象而又直观。

2）测试控制系统

采用先进的 DCS 测控系统，实现实验过程中的连续控制、逻辑控制、顺序控制。实验台控制系统采用 4 台浙江浙大中自集成控制股份有限公司生产的 SunyPCC800 小型集散控制系统，如图 3 - 15 所示。该系统具有先进控制策略、图形操作界面及在线实时组态工具，可实现工业过程的实时操控。

图 3 - 15　系统主控系统

实验台操作系统为 SunTech 工业控制应用软件平台，它由工程管理器来控制，可对目标工程进行管理，如新建、查找、备份等，还可以进入各项功能子项，对数据库、控制方案及人机界面等进行修改。操作界面如图 3 - 16 所示。

3. 机械模拟实验台的相似准则

采场推进过程中，上覆岩层的运动与支承压力发展变化是一个十分复杂的力学过程。由于影响支承压力发展变化的因素很多，在实际的模型实验中，难以满足模型与原型现象中所有

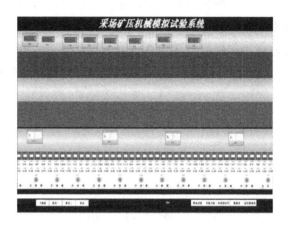

图 3-16 实验操作系统

物理量的相似准则条件。因此，有必要确定重要物理量，并使其满足相似准则条件，从而达到实验目的。为此，对模型设计作以下假定和简化。

（1）煤层开采过程中，支承压力动态发展与纵向覆岩破坏范围密切相关，在分析二维相似材料模拟试验的成功经验基础上，将三维空间问题近似简化为二维平面问题。

（2）煤层开采过程中，岩层移动变形持续时间较短，岩层绝大多数时间处于静平衡状态。因此，可以将矿山支承压力问题简化为静力学问题。

（3）机械模拟实验采用物理量模拟的方法，通过改变模型中几个关键物理量，实现对覆岩结构形变、煤体弹塑性分布规律、煤岩体应力变化规律等有关强度问题的模拟。因此，模型中可不考虑材料本身的强度问题。

（4）组合运动的岩梁在其厚度方向上视为整体结构。

在上述假定和简化的基础上，下面采用量纲分析原理导出模型实验的相似准则。

假定回采工作面前方煤体支承压力为 σ_y，在工作面推进过程中，影响支承压力发展变化的主要因素有煤体弹性模量 $E(FL^{-2})$、岩梁容重 $\gamma(FL^{-3})$、施加载荷 $P(FL^{-2})$、支架反力 $P_i(F)$、模型几何尺寸 $L(L)$。

设其函数形式为

$$\sigma_y = f(E, P, \gamma, P_i, L) \qquad (3-10)$$

各量间的量纲关系为

$$[\sigma_y] = [E^a, P^b, \gamma^c, P_i^d, L^e] \qquad (3-11)$$

将各物理量量纲代入，得

$$[FL^{-2}] = [(FL^{-2})^a (FL^{-2})^b (FL^{-3})^c (F)^d (L)^e]$$

$$= [F^{a+b+c+d} L^{-2a-2b-3c+e}]$$

两侧除以 FL^{-2}，得

$$[1] = [F^{a+b+c+d-1} L^{-2a-2b-3c+e+2}] \qquad (3-12)$$

由量纲齐次原则，可得线性方程组为

$$\begin{cases} a+b+c+d-1 = 0 \\ -2a-2b-3c+e+2 = 0 \end{cases} \qquad (3-13)$$

解得

$$\begin{cases} a = 1-b-c-d \\ e = c-2d \end{cases} \qquad (3-14)$$

代入式（3-11），得

$$[\sigma_y] = [E^{1-b-c-d}, P^b, \gamma^c, P_i^d, L^{c-2d} \qquad (3-15)$$

化简得

$$[1] = \left[\left(\frac{E}{\sigma_y}\right)\left(\frac{P}{E}\right)^b \left(\frac{\gamma L}{E}\right)^c \left(\frac{P_i}{EL^2}\right)^d\right] \qquad (3-16)$$

令　　$\pi_1 = \dfrac{E}{\sigma_y}$　　$\pi_2 = \dfrac{P}{E}$　　$\pi_3 = \dfrac{\gamma L}{E}$　　$\pi_4 = \dfrac{P_i}{EL^2}$

考虑采场中支架反力作用时，模型实验的相似条件为 $\pi_2 = \pi'_2$，$\pi_3 = \pi'_3$，$\pi_4 = \pi'_4$（模型物理量上标"'"），即

$$\frac{P'}{E'} = \frac{P}{E} \qquad \frac{\gamma'L'}{E'} = \frac{\gamma L}{E} \qquad \frac{P'_i}{E'L'_2} = \frac{P_i}{EL^2} \qquad (3-17)$$

换算关系式为 $\pi_1 = \pi'_1$，即

$$\frac{E'}{\sigma'_y} = \frac{E}{\sigma_y} \qquad (3-18)$$

不考虑采场支架反力作用时，模型实验的相似条件为 $\pi_2 = \pi'_2$，$\pi_3 = \pi'_3$，即

$$\frac{P'}{E'} = \frac{P}{E} \qquad \frac{\gamma'L'}{E'} = \frac{\gamma L}{E} \qquad (3-19)$$

换算关系式为

$$\frac{E'}{\sigma'_y} = \frac{E}{\sigma_y} \qquad (3-20)$$

文中实验长度比 $C_l = 100$，容重比 $C_\gamma = 3$，强度比 $C_\sigma = 300$。

4. 机械模拟实验台工作原理

按照实验设备所依据的原理，模拟研究可分为两类：一类是物理模拟法，物理模拟规定在模型中重新造成与真实对象中作用相同的物理场，只有相应于模型的比例其绝对值有所改变。另一类是相似模拟法，相似模拟是在模型中用另一种物理场去代替真实对象中的另一种物理场。在模型的设计中，根据所研究具体问题性质以及侧重点不同，所采用的模拟方法也不同，但无论采用什么样的模拟方法都必须进行对于能够真实反映原型现象的相似性的研究。本模型的设计中采用了机械模拟法，即将物理模拟和机械控制的方法结合在一起。

1）模拟煤层

在煤层开采前，其所受到的支承压力是均匀分布的原始应力，从开切眼开始，围岩中就出现应力集中现象，随着工作面的不断推进，岩梁的跨度和悬露面积也不断增加，在煤壁的支承能力改变之前，煤体处于弹性阶段，煤壁前方支承压力峰值的应力集中系数是随着上述过程的增加而增加的，但由于煤体的承载能力有限，当煤壁附近的支承压力超过其弹性极限时，煤体开始屈服，并由弹性状态进入塑性状态，塑性区的扩展一直持续到弹性边界的煤体重新达到新的极限平衡状态。当工作面继续推进时，弹塑性交界处的煤体不能承受更大的压力，结果势必有一部分新的煤体屈服，塑性区的扩展同样要持续到弹性煤体达到极限平衡状态。

2）基本顶传递岩梁的模拟

基本顶是"传递岩梁"运动时对回采工作面矿压显现有明显影响的那一部分岩层，其结构力学特征是在工作面的推进方向上能始终保持传递水平力。

在基本顶的初次来压和周期来压阶段中，对其上述拉坏（裂断）部位的模拟，主要考虑了使基本顶的破坏（裂断）不能依赖于材料本身的强度条件，而对其裂断过程能够实现人为的控制。为此，在基本顶的裂断部位设计了电磁铁机构，利用电磁场的吸力来模拟该部位的抗拉力。悬露顶板在达到其极限跨度时，调整将要发生断裂部位的电磁铁内线圈的电压，使磁铁的吸合力小于作用于该部位的拉力，断裂发生。由此依照断裂部位顺序不同，调整相应电磁铁线圈的电压，可实现人为控制基本顶的断裂和运动过程。

基本顶模型结构图如图 3 - 17 所示。用电磁铁机构 1、2，通过控制电源的开断，模拟基本顶的裂断；通过橡胶夹层 3 模拟基本顶的弯曲；设置在基本顶裂断面处的双铰折页 4，以模拟基本顶裂断后其力学结构状态和运动特征。

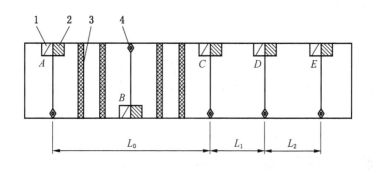

1—磁极；2—衔铁；3—橡胶；4—双铰折页

图 3 – 17 基本顶模型结构图

3）岩层的模拟

开采过程中对支承力及覆岩运动起不到明显影响作用的岩层做弱化处理，简化用橡胶块模拟，对于关键性岩层则通过插接大的橡胶块体的方式来模拟，橡胶块尺寸为 30 cm × 24 cm × 4 cm。

4）载荷模拟

基本顶是临近采场的一部分"传递岩梁"，该部分岩梁的运动对采场支承压力的发展变化有明显的影响。临近采场的岩层，其应力集中程度更高，但位于基本顶以上的其他岩梁，其运动将不会对采场推进方向的支承压力变化产生明显的影响。因此，在模型上可以将基本顶以上直至地表的覆岩载荷用补偿载荷代替。

本模型用橡胶块和铸铁块的自重，通过层状砌叠来模拟上覆岩层的均布载荷。

如图 3-18 所示，通过电机带动丝杆可控制采高升降机构 1 的下降高度，以实现模拟不同采高的要求，也可控制基本顶触矸位置。

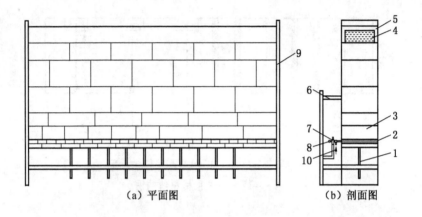

（a）平面图　　　　　　（b）剖面图

1—控制采高升降机构；2—气囊；3—基本顶；4—加载胶囊；5—反力框架；
6—气囊升降机构；7—电磁阀；8—进气总管；9—框架；10—压力变送器

图 3-18　模型框架示意图

3.2.2　应力和位移的监测方法及仪器

1. 应力监测

应力监测分为两部分，一部分是机械模拟检测系统，另一部分是自行铺设的应力检测系统。开采过程中煤层支承压力的监测采用 BW-5 型压力传感器，嵌入在橡胶块中，每个橡胶块布置了 7 个压力检测孔放置相应的传感器，整个模型共布置 112 个，如图 3-19 所示，实验台控制采用 4 台浙江浙大中自集成控制股份有限公司生产的 SunyPCC800 小型集散控制系统。

该系统具有先进的控制策略、图形操作界面与在线实时组态工具；实现工业过程的实时监视、记录、操作与管理，是一

图 3-19 模型传感器布置图

种实现各行业复杂多样工业自动化构想的新型计算机控制系统。

对压力监测选用了 BW-5 箔式微型压力传感器作为传感元件，全桥式的接线方式接入控制器内。为减少误差，在标定压力传感器的初始值时，将整个实验系统的 112 个传感器压力值求和，取其平均值作为压力传感器的初始值。

2. 覆岩下沉值的监测

为满足对不同层位的岩层进行位移监测，对模拟系统的位移测量采用单独的测量，测量设备采用 YHD-50 型位移计，测试系统为江苏东华测试技术有限公司的 DH-3815 N 静态应变测试系统。位移计实际布设如图 3-20 所示。

薄钢条为了与位移计连接，做成 40 cm × 0.1 cm × 3 cm（长 × 厚 × 宽）长方形形状，并按照设计要求放在两层橡胶块之间，并尽量避开橡胶块与橡胶块的连接处，以减少橡胶块错动带来的误差影响。用磁性表座将位移计固定于模型架上，用细线把位移计与专门定制的薄钢条相连，开采之前对位移计进行了精度测试，其精度为 0.001 mm。

图 3 - 20　位移计实际布设图

3.2.3　实验模型的建立

　　煤层和岩层用橡胶块交错排列在模型架上，采用"积木式"连接成型，每层块与块之间排紧，使其成为一个层状体，共计 13 层，其中重物加载层有 3 层。为了有效地模拟基本顶岩梁的断裂和运动的力学过程，在模型设计中，根据监测的基本顶来压步距，调整电磁铁机构的位置，人为地控制这一过程。模型支架总长度为 4 m，根据相似准则，实验选取长度比为 1∶200，模拟最大推进长度为 800 m。按照走向长壁开采建立了模型，如图 3 - 21 所示，图中最下部编号 1 ~ 25 部分为模型的采高控制装置，共计 25 个。通过电机带动丝杆可控制采高升降机构的下降高度，以实现不同采高的要求，也可控制基本顶触矸位置；橡胶块上的编号 7、14、…、112 为传感器的编号，共计有 112 个传感器；并在基本顶的上部布置了三条测线，最下面为传感器，测点编号为 7 - 1、7 - 2、…、7 - 10,6 - 1、6 - 2、…、6 - 9 共计 19 个。上面两条测线为位移计，分别位于第一岩梁和第二岩梁的上部，位于中间的测线编号为 1 -

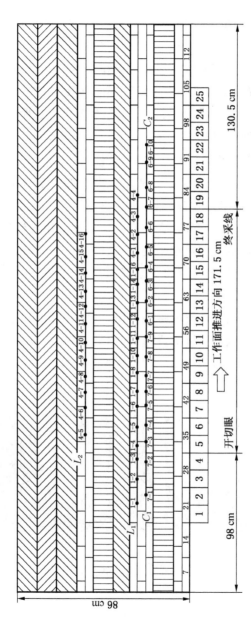

图 3-21 应力传感器及位移计布置图

L_1—位移计测线 1；L_2—位移计测线 2；C_1—应力传感器测线 1；C_2—应力传感器测线 2

1、1 - 2、…、1 - 16、4 - 1、4 - 2、…、4 - 4 共计 18 个，上部的测线编号为 4 - 5、4 - 6、…、4 - 16 共计 12 个，编号的编码方式为编号采集箱的编号加位移计在采集箱上的编号，如编号 6 - 1 的含义为 6 号采集箱的第一个位移计。整个模型共布置了 19 个传感器、30 个位移计，相邻两个测点的距离 10 ～ 20 cm，在放置过程中尽量避开橡胶块体的交接处。

3.2.4 工作面推进距离与支承压力分布情况

煤层采出后，围岩必然出现应力重新分布，作用在煤层、岩层和矸石上的切向应力增高部分称为支承压力。随着工作面的推进，支承压力大小和分布也随之发生改变。通过机械模拟实验，我们可以研究或演示在采场推进过程中，支承压力的发展变化与上覆岩层运动之间的关系以及来压时刻支架 - 围岩（顶板）相互作用关系[110]。

实验过程中，通过调整电磁铁机构位置来模拟采场推进过程中基本顶岩梁裂断和运动力学过程。本次实验包含一次初次来压和两次周期来压过程，实验过程如图 3 - 22 至图 3 - 32 所示。

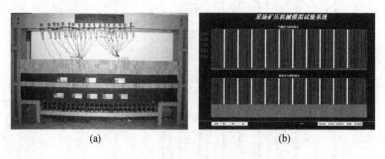

(a)   (b)

图 3 - 22　模型初始位态（状态Ⅰ）

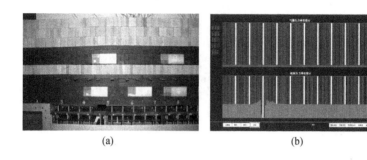

(a)　　　　　　　　　　　　(b)

图 3 - 23　初始开挖（状态 Ⅱ）

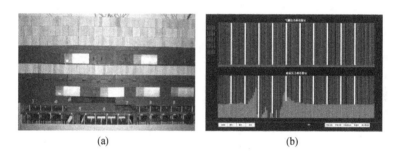

(a)　　　　　　　　　　　　(b)

图 3 - 24　初次来压前夕（状态 Ⅲ）

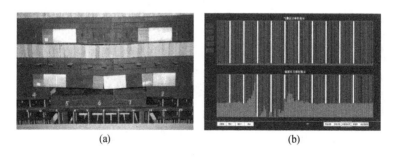

(a)　　　　　　　　　　　　(b)

图 3 - 25　初次来压过程（状态 Ⅳ）

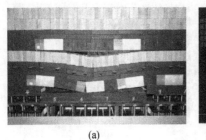 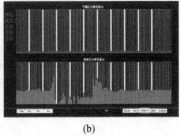

(a)   (b)

图 3 - 26　初次来压完成（状态 V）

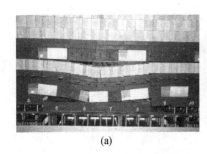 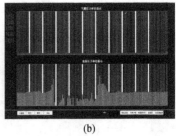

(a)   (b)

图 3 - 27　第一次周期来压前夕（状态 VI）

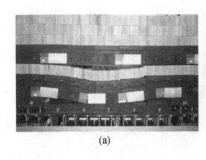 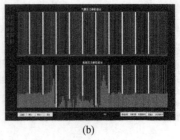

(a)   (b)

图 3 - 28　第一次周期来压完成（状态 VII）

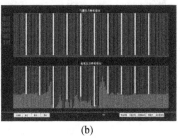

(a)   (b)

图 3 - 29　第二次周期来压前夕（状态Ⅷ）

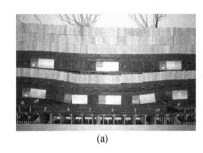
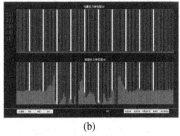

(a)   (b)

图 3 - 30　第二次周期来压完成（状态Ⅸ）

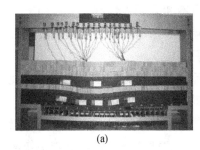
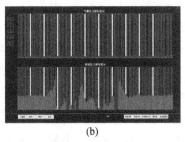

(a)   (b)

图 3 - 31　巨厚砾岩断裂前（状态Ⅹ）

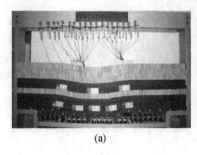
(a)

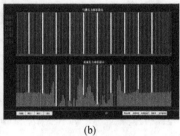
(b)

图 3-32　巨厚砾岩断裂后（状态XI）

通过模拟可知，在工作面推进过程中，煤壁前方与采空区的压力分布发生明显的变化。下面从 4 个阶段介绍这两个区域压力的变化过程。

第一阶段：从开切眼到工作面初次来压前夕，由于煤层的开采破坏了岩层内部的原岩应力，采空区上部岩层的受力状态发生变化，通过处于相对稳定状态的基本顶岩梁传递到采空区两侧煤层上的压力逐渐增大。

第二阶段：从煤壁支承能力发生改变开始，到基本顶岩梁端部断裂前结束。在这一阶段，靠煤壁附近的应力值达到最大，随煤体的破坏，其支承能力不断降低，煤壁前方压力升高的范围变大。同时，岩层沉降幅度逐渐增大，由岩梁跨度中部开始的离层现象也将向两端扩展。

第三阶段：初次来压完成后，煤壁前方的压力值减小，此时采空区冒落的矸石受到基本顶压力的作用，其值不断增大。随着工作面的继续推进，在周期来压前煤壁前方压力是逐渐增大的，来压后压力会将逐渐变小，这样循环变化。随着工作面的推进上覆岩层断裂下沉，采空区冒落的岩石逐渐被压实，采空区中部的压力要大于两侧的压力。

第四阶段：巨厚砾岩层断裂阶段。随着工作面的推进，巨厚砾岩下部离层逐渐变大，并向两边逐渐扩展。当工作面推进至 312 m 时，巨厚砾岩跨度达到了极限跨度，巨厚砾岩突然断裂下沉，采空区压力迅速增大。

3.2.5 采场覆岩体内移动变形分析

地下煤层采出后引起的采场覆岩运动是个时间和空间过程。随着工作面向前推进，不同时间回采工作面对应的覆岩运动不同[111]，开采的影响也不同。开采初期，采空区上覆岩层未垮落，覆岩移动量很小，没有明显的移动盆地形状。随着工作面的推进，采空区上覆岩层断裂垮落，但还未受力，地表下沉出现近似对称性分布，并呈现出明显的移动盆地形状。基本顶触矸时，垮落的岩层开始受力，移动盆地进一步扩大，地表最大下沉值随工作面的推进继续增大，下沉盆地剖面曲线变陡，动态最大下沉值不断增大，其位置在工作面后方，一般要经历由开始→剧烈→缓慢→停止的过程。

煤层开采是从 5 号升降块开始，在工作面推进 24 m 时之前，测线上的测点基本上没有产生位移。随着工作面的继续推进，上覆岩层开始产生移动变形。图 3 - 33 为工作面推进步距不同时，L_1 测线各测点的下沉量变化曲线图，从图中可以看出，工作面最大下沉值随工作面开采不断变大，最大下沉值点逐渐向开采方向发展，最大下沉点为测点 1 - 12，下沉值为 50 mm。巨厚砾岩层断裂后，L_1 测线各点的下沉量没有明显的变化，说明在巨厚砾岩断裂前采空区冒落的岩石已经被压实。图 3 - 34 为工作面推进步距不同时，L_1 测线各点下沉量拟合曲线图，从拟合曲线看，测点下沉值的拟合效果比较理想，说明各测点的下沉值符合覆岩运动规律。

图 3 - 35 工作面推进步距不同时，L_2 测线各点的下沉量变

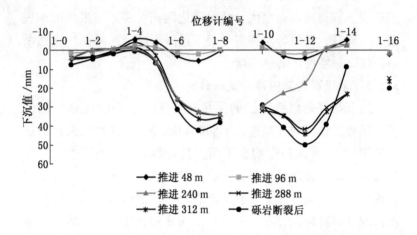

图 3 - 33　煤层推进过程中 L_1 测线各点下沉量曲线

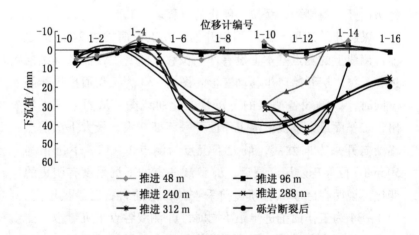

图 3 - 34　煤层推进过程中 L_1 测线各点下沉量的拟合曲线

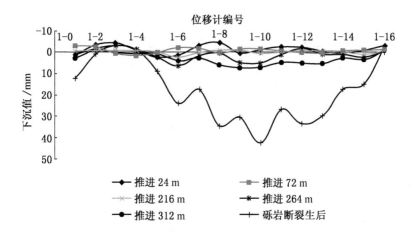

图 3 – 35 煤层推进过程中 L_2 测线各点下沉量曲线

化曲线图。随着工作面的推进，巨厚砾岩与下部岩层离层越来越大，巨厚砾岩悬露面积不断变大，且逐渐发生弯曲，这时巨厚砾岩中积聚了大量的弹性能。当工作面推进 312 m 时，巨厚砾岩悬露跨度达到砾岩所能承受的极限值，随工作面的继续推进，悬露巨厚砾岩的端部被拉断，大量弹性能得到瞬间释放，砾岩内各测点下沉值迅速增加，最大值达到 42 mm。图 3 – 36 为工作面推进步距不同时，L_2 测线各点下沉量拟合曲线图，从拟合曲线看，测点下沉值的拟合效果比较理想，说明各测点的下沉值符合覆岩运动规律。

　　从位移变化图中可以看出，巨厚砾岩层断裂的一个很重要的条件是离层的产生，随着离层不断增大，巨厚砾岩的悬露跨度也不断增大，当巨厚砾岩的悬露跨度达到极限跨度后，巨厚砾岩就会发生断裂下沉。另外，工作面左侧的测点在工作面推

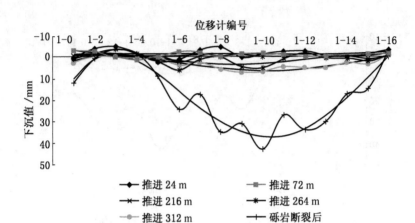

图 3 - 36　煤层推进过程中 L_2 测线各点下沉量的拟合曲线

进过程中，位移出现反弹现象，这一现象是华丰煤矿特殊地质条件下出现的。巨厚砾岩的存在以及地表表土层太薄，造成了这一特殊的下沉现象。随着工作面的继续推进，采动影响范围由煤层顶板不断向上覆岩层扩展。在巨厚砾岩的下部，离层空隙开始产生并逐步扩展。离层的出现，上覆砾岩层成为板状悬空岩梁状态，一方面使得上下两岩层接触面应力转移，造成工作面两侧应力集中，另一方面巨厚砾岩发生缓沉，此时，缓沉的巨厚砾覆岩将以工作面两侧区域为支点，对四周的岩层产生杠杆作用，导致沉陷盆地边缘翘起，出现明显的地表"反弹"现象，如图 3 - 37 所示。

从图 3 - 38 中可以看出，在工作面推进方向上，各测点的下沉值速度经历由缓慢→剧烈→平稳的过程，这是由开采过程中基本顶是逐渐弯曲垮断最后逐渐平稳引起的。从图中看出，工作面初次来压时顶板的移近速度要比周期来压的时候大。

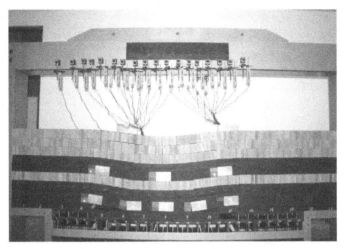

图 3 - 37 巨厚砾岩断裂后模型状态图

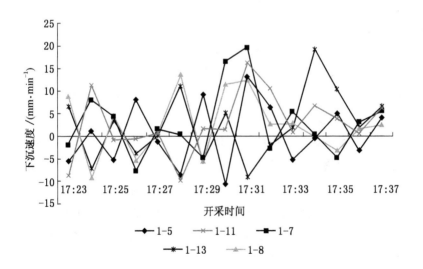

图 3 - 38 L₁ 测线部分测点下沉速度

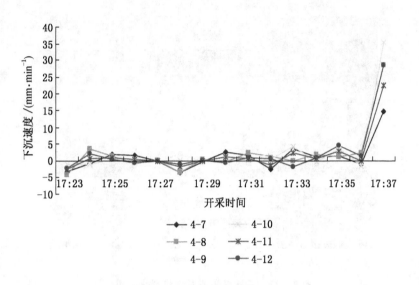

图 3 - 39 L_2 测线部分测点下沉速度

从图 3 - 39 中可以看出，巨厚砾岩断裂前，各测点的下沉速度比较小，因为这时巨厚砾岩只发生缓慢的弯曲。巨厚砾岩断裂时各测点的速度迅速增加，最大值达到 35 mm/min。

3.2.6 采场覆岩体内应力变化分析

根据模拟监测系统中支承压力的监测数据，可以看出采场围岩的应力重新分布情况。模拟煤层开采后，上覆岩层所形成的结构由"煤壁—已冒落的矸石"支撑体系来支撑，由于上覆岩层大部分是半拱式的结构，因此煤壁一段几乎支承着回采工作面空间上方悬露岩层的大部分重量，而采空区已冒落矸石只承受压实区的重量，因而采空区应力一般只恢复到原岩应力的值，比起煤壁前方的支承压力要小得多。

图 3 - 40 为工作面正常推采阶段支承压力变化情况。从图

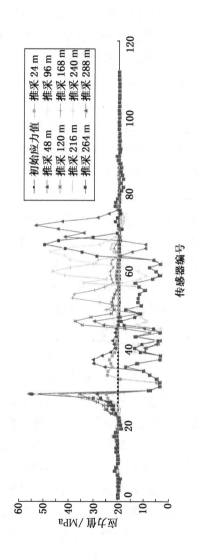

图 3 - 40　随工作面推进支承压力变化曲线

中可以看出，在工作面刚刚开采时，直接顶随采随冒，而基本顶未有显著运动。基本顶及其上覆岩层的载荷逐渐向四周煤壁转移，形成支承压力，其峰值位于煤壁前方，在工作面刚开挖时应力集中系数较小，采空区为直接顶冒落的矸石，处于松散状态，应力值远小于原岩应力值。随工作面的推进，支承压力峰值也不断前移。在工作面推进至 120 m 时，工作面前方支承压力增长速度突然增大，随后基本顶岩梁发生断裂，中部触矸，采空区处应力值升高，而煤壁前方支承压力增幅减小。这一过程与工程现场中基本顶来压情况基本相符合。随后，支承压力变化规律趋于稳定，应力集中系数约为 2.5。

根据位移监测数据可知，随着工作面的推进，在砾岩层下部出现了大范围的离层空间。在离层长度达到砾岩断裂极限垮距时，砾岩层发生突然断裂。图 3 – 41 为砾岩层断裂前后支承压力的对比情况，其中砾岩断裂后的应力值为砾岩垮落一段时间后岩层运动基本稳定时的应力值。通过应力值的对比情况，可以发现砾岩断裂前支承压力峰值更高，在煤壁前方的影响范围更大。由此可见，由于覆岩中离层空间的存在，砾岩层的重量由离层范围外圈岩层支撑，应力通过砾岩下方岩体的传递，在工作面围岩处形成了大范围的应力集中区，应力集中系数约3.0。因实验中未能模拟冲击地压现象，但可以推算在砾岩断裂瞬间，砾岩以一定速度冲向离层空间，工作面支承压力峰值将急剧增大，矿压显现十分明显，冲击地压的危险性极高。砾岩断裂后一段时间，在离层外圈及工作面围岩处积聚的弹性能得到释放，岩层运动趋于稳定。支承压力峰值降低，应力集中区范围缩小。同时，由于砾岩断裂垮落对下方岩体起到压密作用，采空区中部破碎矸石被进一步压实，应力增大，在较大范围上超过了原岩应力，这也是砾岩断裂后，微震事件及冲击地

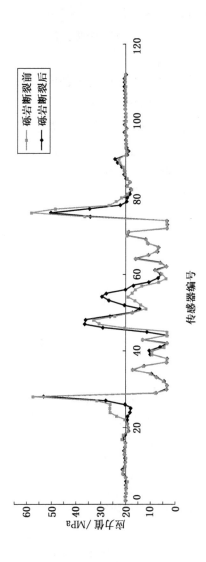

图 3 - 41 砾岩断裂前后支承压力变化情况

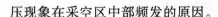

压现象在采空区中部频发的原因。

从图 3-42 中看出，传感器 7-1~7-3 应力基本没有发生变化，开采没有影响到这几个传感器，7-8、7-9 传感器应力减小后保持不变或者减少到零，这是因为基本顶断裂后形成了部分小拱结构，传感器位于小拱的内部或边缘，所以几乎没有受到力的作用。其他位置的传感器的应力随工作面的推进由"大→小→大"进行变化，这是因为在推进过程中煤壁前方支承压力逐渐变大，工作面推过测点一段距离后，顶板发生断裂下沉，应力逐渐减小。随着工作面的不断推进，采空区上覆岩层逐渐被压实，所以应力又逐渐增大。

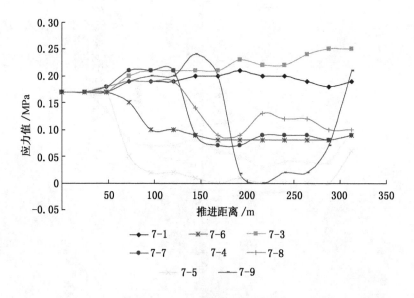

图 3-42 C₁ 测线的应力变化曲线

从图 3-43 中看出，测线 C₂ 各测点的变化基本是由"大→小→大"进行变化，这表明工作面基本顶在工作面开采时经历了由弯曲→断裂下沉→压实的变化过程。6-3、6-4、6-6、6-8 传感器应力减小后保持不变或者减少到零，这是因为基本顶断裂后形成了部分小拱结构,传感器位于小拱的内部或边缘,所以几乎没有受到力的作用。巨厚砾岩断裂后,采空区上方的岩层压力突然增大,采空区中部岩层压力要大于两侧岩层的压力。

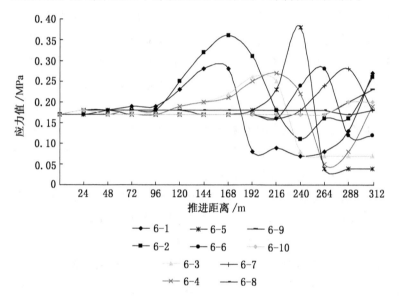

图 3-43　C_2 测线的应力变化曲线

3.3　巨厚砾岩覆岩运动与应力分布的数值模拟研究

3.3.1　数值模型的建立

1. 离散单元法概述

离散单元法（Distinct element method）是美国学者 Cundall 教授在 1971 年提出的一种计算方法，该方法适应于研究解决准静力或动力条件下的节理系统或块体集合的力学问题，在解决离散的、非连续体的问题方面有着极为广泛的应用，并成为非连续介质问题研究的重要方法之一[112]。20 世纪 80 年代中期，我国学者王泳嘉教授首次将离散单元法介绍到国内，二十多年来，离散单元法有了长足的发展，已成为解决岩土力学问题的一种重要数值计算方法。有限元法、边界元法等数值方法是建立在连续性假设基础上的，它们在处理岩土工程问题中发挥了巨大作用。然而，在工程中经常遇到难以用解决连续介质力学问题的有限元法或边界元法等进行求解，如地下工程所见到的岩体在其形态和结构呈现强烈的非连续性，所形成的岩石块体和受力情况是几何或材料的非线性问题，这时就需要用别的方法来解决，而离散元法正是考虑结构形态的不连续性[113]，适用于解决岩石力学问题。事实上，离散单元法能够分析变形连续和不连续的多个物体相互作用问题、物体的断裂问题以及大位移和大转动问题，能够处理范围广泛的材料本构关系、相互作用准则，可以模拟应力传播、振动、阻尼动力效应显著问题，这些特点使得离散元法尤其适用于像岩石这样的非连续体。因此，离散单元法在边坡工程、矿山采场和巷道稳定性研究方面得到了广泛的应用[114]。

UDEC（Universal Distinct Element Code）是一个处理不连续介质的二维离散元程序，用于模拟非连续介质（如岩体中的节理裂隙等）承受静载或动载作用下的响应。将不连续面处理为块体间的边界，允许块体沿不连续面发生较大的位移和转动，块体可以是刚体或变形体。变形块体被划分成有限个单元网格，并且每一单元根据给定的"应力-应变"准则，表现为线性或非线性特性。不连续面发生法向和切向的相对运动也由线性或非线性"力-位移"的关系来控制。在 UDEC 中，为研究完整块体和不连续面开发了几种材料特性模型，用以模拟不连续地质界面可能显现的典型特性。UDEC 基于"拉格朗日"算法能很好地模拟块体系统的变形和大位移[115]。

UDEC 包含了功能强大的程序语言——FISH 函数。借助于FISH 函数，用户可编写自己需要的功能函数，扩展 UDEC 的应用功能。FISH 函数可以简化分析，为特殊要求的 UDEC 用户提供了一个强有力的工具。

UDEC 主要用于评价岩体的节理、裂隙、断层、层面对地下工程和岩石基础的影响以及岩石边坡渐进破坏研究。UDEC 是研究不连续特征的潜在破坏模型十分理想的工具。UDEC 一般特性如下：

（1）UDEC 具有人工或自动节理生成器，用来模拟产生岩体中一组或多组不连续面。

（2）UDEC 提供了不同的块体材料模型和节理材料模型。

（3）UDEC 的块体可以是刚体或变形体。对于变形体，开发了包括模拟开挖的空模型（null）、应变硬化/软化的剪切屈服破坏模型以及非线性不可逆的剪切破坏和压缩模型。

（4）UDEC 的显式求解算法允许进行动态或静态分析。

（5）UDEC 能够模拟通过模型中的空隙和不连续面的流体流动，也能够进行力学‒流体全耦合分析。

（6）程序中的结构单元可以用于模拟岩体加固和工程表面支护。加固包括端部锚固、全长锚索和锚杆，表面支护模拟如喷射混凝土、混凝土衬砌及其他形式的隧道支护。

（7）UDEC 包含一个强有力的程序语言——FISH 语言，这可以使用户定义新的变量和函数。

UDEC 提供了适合岩土的 7 种材料本构模型和 5 种节理本构模型，能够较准确的适应不同岩性和不同开挖状态条件下岩层运动的需要，是目前模拟岩层破断后运动过程比较理想的数值模拟软件。结合 CAD 技术，可以比较形象直观地反映岩体运动变化的应力场、位移场、速度场等各力学参数的变化。

UDEC 提供的 7 种材料本构模型主要用于地质工程，即地下开挖、建造、采矿、边坡稳定性等。UDEC 中的 7 种材料模型：开挖模型（null）、各向同性弹性模型、Drucker – Prager 塑性模型、Mohr – Coulomb 塑性模型、堆砌节理模型、应变软化/硬化模型、双屈服模型。UDEC 中的 5 种节理模型：点接触 – 库仑滑移、节理面接触 – 库仑滑移、节理面接触—具有残余强度库仑滑移、连续屈服、Barton – Bandis 节理。

UDEC 数值计算程序主要应用于评价地下岩体采动过程中岩体节理、断层、沉积面等岩体逐步破坏的影响，能够模拟岩体的复杂力学和结构特性，也可以很方便地分析各种边值问题。

UDEC 可以模拟采场覆岩的回转、下沉以及断裂，也可以很好地处理采空区的状况，不需对采空区进行专门的设置就可以模拟采场的实际情况。

2. 数值模型基本信息

模拟所取的地质资料为华丰煤矿 4 煤层及其上覆岩层。建立的计算模型的长和高分别为 500 m 和 191.3 m，模型顶部以均布载荷代替其上覆岩层的重量。所建模型如图 3 – 44 所示。模型侧面边界约束水平位移，模型底面边界约束所有方向位移，模型上部边界以均布载荷代替其上覆岩层的重量，上覆岩层的平均重力密度 γ 取 26 kN/m^3。

3. 覆岩参数的选取

采用 UDEC 软件对开采过程进行数值模拟，并分析煤层顶

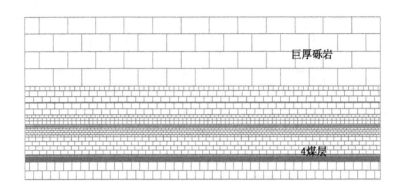

图 3-44　数值模型

板的破坏情况。计算所用的有关岩石的物理力学参数见表 3-2。

表 3-2　煤层及顶、底板岩层的物理力学参数

岩层名称	厚度/m	内聚力/MPa	抗拉强度/MPa	内摩擦角/(°)	剪切模量/10^9 Pa	体积模量/10^9 Pa
砾岩	80	6.5	4.5	52	35.4	47.4
中砂岩	3.8	3.0	4.2	43	19.4	24.1
粉砂岩	4.6	2.1	2.4	47	18.7	26.1
细砂岩	28.8	2.9	3.1	49	20.1	25.4
泥岩	6.6	1.5	1.4	37	10.0	14.2
中砂岩	3.9	3.3	2.4	45	18.1	24.1
粉砂岩	3	2.4	3.0	26	13.2	15.4
1 煤层	1.2	0.8	2.5	40	5.4	7.1
粉砂岩	5.2	2.1	3.0	30	14.1	16.3

表 3-2（续）

岩层名称	厚度/ m	内聚力/ MPa	抗拉强度/ MPa	内摩擦角/ (°)	剪切模量/ 10^9 Pa	体积模量/ 10^9 Pa
泥岩	5.2	1.2	2.4	40	4.2	5.3
细砂岩	20	2.5	3.0	20	8.1	9.6
粉砂岩	2.6	2.0	3.5	25	7.4	9.4
4 煤层	6.4	1.0	2.3	40	3.6	4.8
中砂岩	20	3.2	3.0	25	12.1	14.3

在此基础上对计算用特殊函数，如体积模量和剪切模量，依照式（3-21）、式（3-22）进行了有关换算。

$$K = \frac{E}{3(1 - 2\nu)} \tag{3-21}$$

$$G = \frac{E}{2(1 + \nu)} \tag{3-22}$$

式中　　K——体积模量；

　　　　G——剪切模量；

　　　　E——弹性模量；

　　　　ν——泊松比。

3.3.2　巨厚砾岩覆岩应力分布演化规律

煤层开采前，岩体处于原岩应力状态。煤层开采之后形成采空区，使得煤层及其周围岩体的应力重新分布，并产生附加应力，顶板的运动归根结底是与附加应力息息相关的。随着工作面的推进，在巨厚砾岩层与软弱红层之间产生了大范围的离层空间。由于巨厚砾岩层自重较大，在离层空间的四周产生较强的应力集中，并向下方岩层传递，在工作面周围形成冲击应力场，岩层积聚大量的弹性能。因此，研究采动应力分布规律对于分析巨厚砾岩层运动及其与冲击地压的相关性是非常有必要的。

图 3 - 45 是工作面正常推进时上覆岩层应力的演化规律。从图中可以看出，主应力主要以应力拱的形式进行演化。在工作面推进到 30 ~ 100 m 之间时，应力拱的范围在宽度和高度上都是增加的，并且应力拱范围之内的应力值逐渐减小；当工作

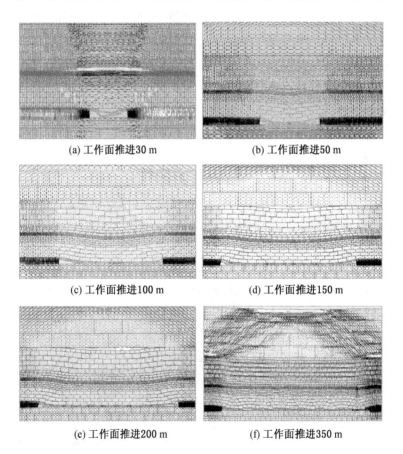

(a) 工作面推进30 m   (b) 工作面推进50 m

(c) 工作面推进100 m   (d) 工作面推进150 m

(e) 工作面推进200 m   (f) 工作面推进350 m

图 3 -45 巨厚砾岩深井应力分布演化规律

面推进到 100 m 时，工作面上方与巨厚砾岩层下方之间的应力已经小于原岩应力值，而巨厚砾岩内的应力值逐渐升高。由此可以看出，在巨厚砾岩层下方已经开始出现离层，巨厚砾岩层内原有应力状态开始演化，应力出现转移与集中。

在工作面从推进 100～200 m 的范围时，离层范围进一步扩大，巨厚砾岩层内的应力继续发生转移，巨厚砾岩层中储存了巨大的弹性能量。同时在这个过程中，应力通过煤系地层的传递，在巨厚砾岩层下方、工作面右前方岩层和开切眼左后方的岩层中同样存在应力集中。在这一阶段，离层空间达不到巨厚砾岩的垮落距，上覆岩层不发生大规模破断或滑移垮落，岩层内部储存的弹性能不断升高。一旦受到开采扰动等影响，在达到煤岩体的极限值时，弹性能就会突然释放，从而引起煤岩体的冲击破坏。

在工作面推进至 200～350 m 的范围时，上覆岩层应力分布继续演化，离层空间的范围逐步扩大，从模拟可以看出，这一时期巨厚砾岩层下方的离层空间在长度上已经接近了 200 m，高度上也已经达到了 2 m 左右。离层空间接近并达到巨厚砾岩层的垮落距时，巨厚砾岩的"O"形岩板达到了最大值，砾岩底部开始出现断裂垮落，上覆岩层逐渐进入失稳状态。坚硬巨厚砾岩在失稳状态下，以较高的冲击载荷方式对下部煤岩体造成损伤。当动静载荷组合作用下煤岩系统达到冲击破坏的条件时，煤岩将瞬间变形，发生动态冲击破坏。

3.3.3 巨厚砾岩覆岩运动演化规律

1. 巨厚砾岩下方离层演化规律

图 3－46 是巨厚砾岩下方离层的演化规律。由图可以看出，当工作面推进 50 m 时，高位的砾岩和砾岩下方的红层之间并没有产生离层。当工作面推进 100 m 时，砾岩与其下方的

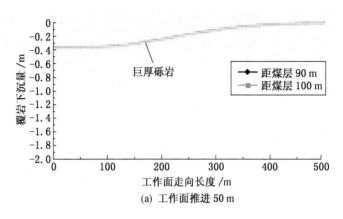

(a) 工作面推进 50 m

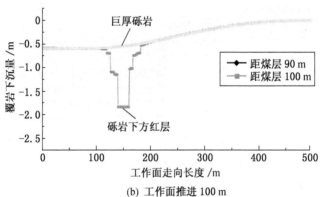

(b) 工作面推进 100 m

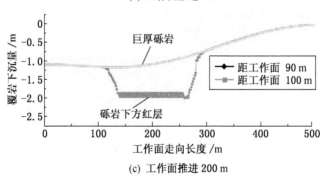

(c) 工作面推进 200 m

图 3-46　巨厚砾岩下方离层演化规律

红层间产生了较大的离层，离层在工作面走向上的长度已经达到了 50 m 以上，离层量也以已经达到了近 1.8 m。当工作面推进 200 m 时，上位巨厚砾岩与下部红层之间的离层无论在走向长度和垂直高度方面都有了增加，垂直高度达到了 2.0 m，而在走向长度达到了 120 m 以上。

从巨厚砾岩下方离层的演化可知，巨厚砾岩在断裂之前，巨厚砾岩在垂直方向上的下沉值并不大，从而造成了巨厚砾岩下方的离层量巨大，这个巨大的空间为砾岩的运动提供了空间，一旦离层空间达到巨厚砾岩的断裂垮距，砾岩产生运动，其必将产生强烈的震动载荷，而这个震动载荷传播至工作面附近时，使煤岩体瞬间产生很大的应力增量，在采场或巷道原有应力场的基础上，震动载荷与煤岩系统的稳态应力场进行应力迭加，极易造成工作面周围煤岩体发生严重的冲击破坏。

2. 巨厚覆岩运动演化规律

本次模拟研究采场推进 30 m、40 m、60 m、100 m、150 m、200 m、250 m、300 m 和 350 m 情况下深部开采巨厚覆岩运动规律，在此基础上研究深部开采巨厚覆岩运动规律与冲击地压的内在联系。覆岩运动过程如图 3-47 所示。

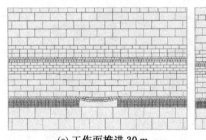 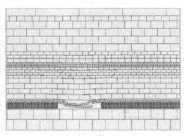

(a) 工作面推进 30 m   (b) 工作面推进 40 m

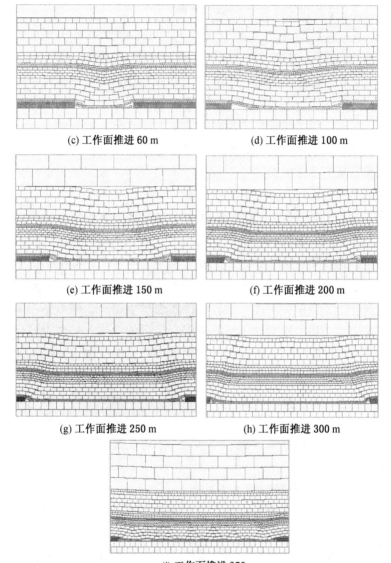

(c) 工作面推进 60 m　　　　　(d) 工作面推进 100 m

(e) 工作面推进 150 m　　　　　(f) 工作面推进 200 m

(g) 工作面推进 250 m　　　　　(h) 工作面推进 300 m

(i) 工作面推进 350 m

图 3-47　巨厚砾岩深井覆岩运动规律

1）深部开采巨厚覆岩研究范围

本次模拟以华丰煤矿 1410 工作面及其覆岩特性为真实原型，上部 800 m 厚的砾岩取其一部分进行研究。煤层厚度 6.4 m，上部 2.6 m 的粉砂岩为直接顶，20 m 厚的细砂岩为基本顶。

2）下部岩层运动

直接顶的破坏随采场的推进处于不断变化的过程中，在一般情况下，直接顶为直接赋存于煤层之上的岩层，在整个开采过程中随工作面的推进，一直呈不规则冒落，即冒落后散乱的堆积在采空区中，并逐渐被压实。

随着工作面继续推进，工作面上方的坚硬基本顶逐渐形成以工作面前方煤壁和切眼后方煤体为支点的支撑结构，这种结构开始是以梁结构形式存在。根据材料力学可知，梁结构的中部，是应力集中区域，岩梁中部下端承受拉应力，当达到其抗拉强度后，岩梁在中部断裂，这种断裂产生动压，称为基本顶初次来压。基本顶初次来压的强度与岩梁的性质、初次垮落步距、煤体性质有关。当岩梁本身比较坚硬，厚度大，抗拉强度较大，基本顶初次来压步距也较大，则基本顶初次来压强度较大。反之，如果岩梁的抗拉强度较小，厚度较小，基本顶初次来压步距也较小，则基本顶初次来压的烈度较小。根据模拟结果可知，在工作面推进到 60 m 左右时基本顶初次来压，与实际情况非常接近。

3）上部巨厚砾岩的动压冲击

从模拟结果得知，随着工作面继续推进，工作面上方的基本顶周期性破断垮落，周期来压步距约为 25 m，并且在工作面上方形成传递岩梁结构。而基本顶之上的岩层由于其强度比较低，基本不形成大的结构，因此对工作面支架和前方的煤壁不会产生较大的应力集中和动载冲击影响。

当工作面推进到100 m时，工作面上方的岩层运动到巨厚砾岩之下，在巨厚砾岩下方产生了较大的离层，如图3－47a所示。随着工作面继续推进，巨厚砾岩下方的离层不论在长度和宽度上都在继续增加，形成了一个巨大的"〇"形岩板。当工作面推进到300 m左右时，巨厚砾岩下方的离层空间在长度上已经接近了200 m，厚度上也已经达到了2 m左右，巨厚砾岩的"〇"形岩板达到了最大值。当工作面继续推进时，巨厚砾岩产生断裂，砾岩的回转和急速下沉会在覆岩中产生巨大的动压冲击，当这种冲击达到一定级别的时候就形成了动压灾害。当工作面继续推进，巨厚砾岩下方的空间重新形成，当达到一定距离时，巨厚砾岩的下沉和回转会再次形成一定的动压冲击，当然这个过程也就是一个能量重新积聚的过程，同样我们也可以说是巨厚砾岩的运动存在一个稳态和动态的过程，并且这个过程是一个间隔存在的过程。

3.4　本章小结

（1）以华丰煤矿1410工作面为原型进行了相似材料模拟实验，当工作面推进至250 m时，红层与巨厚砾岩之间出现离层；工作面推进至290 m时，离层跨度及离层高度发育到最大，跨度为80.9 m，离层高度为2.6 m；当工作面推进至300 m一段时间后，巨厚砾岩在中部发生断裂下沉，巨厚砾岩积聚的弹性能量瞬间释放，对下部岩层产生动载冲击，这种巨大的动载冲击可能诱发工作面及周围巷道发生冲击地压。因此，必须采取一定措施使巨厚砾岩不发生断裂冲击。

（2）从模拟实验结果得出，随着煤层开采，内应力场逐渐变化；巨厚砾岩与下部岩层间出现离层并不断发展扩大，离层的产生为砾岩运动提供了空间；当砾岩悬露跨度达到其极限值时，砾岩突然发生断裂，大量潜在的弹性能得到释放，对下部煤岩层造成动压冲击。

位移监测数据表明，各测点的下沉值符合覆岩运动规律。最大下沉值随工作面开采不断变大且最大下沉值位置向开采方向发展，巨厚砾岩断裂前采空区冒落的岩石被压实；随着工作面的推进，巨厚砾岩与下部岩层离层越来越大，砾岩发生弯曲沉降，并以离层四周区域为支点，对四周的岩层产生杠杆作用，导致沉陷盆地四周岩层翘起，在采空区左侧表现为位移反弹现象，这是华丰煤矿特有的地质条件下出现的；当砾岩悬露跨度达到并超过其所能承受的极限值时，砾岩层被拉断，砾岩内各测点下沉速度迅速增加，下沉值达到最大。

应力监测数据表明，工作面在推进过程中煤壁前方支承压力逐渐变大，并不断前移；工作面推过测点一段距离后，测点进入采空区，应力值逐渐减小；随着工作面继续推进，覆岩不断断裂下沉，采空区岩石被上覆岩层逐渐压实，测点应力又逐渐增大，即测点应力按照"大→小→大"规律进行变化。巨厚砾岩断裂垮落后作用在采空区上方岩石上，使得测点应力突然增大，由此看出，砾岩在失稳垮落时对下部煤岩层产生强烈的动压冲击。

（3）通过模拟巨厚砾岩下离层的演化规律，得到了随工作面推进离层空间的发展扩大过程。巨厚砾岩在断裂之前，其下方产生了巨大的离层，这个离层空间为砾岩的运动提供了空间。巨厚砾岩在离层空间达到其断裂垮距后断裂破坏，产生强烈的震动载荷，传导至工作面附近时将使煤岩体瞬间产生很大的应力增量。在采场或巷道原有应力场的基础上进行应力叠加，极易造成工作面周围煤岩体发生严重的冲击破坏。模拟研究了覆岩下部岩层与上部砾岩的运动演化规律，从覆岩运动过程得知，砾岩运动是井下冲击地压发生的主要力源。随着工作面的推进，离层空间上面砾岩形成了一个巨大的"〇"形岩板。巨厚砾岩达到其最大垮距后下部产生断裂，此时砾岩的回转和急速下沉会在覆岩中产生巨大的动压冲击。从深井巨厚覆岩应力演化过程得知，随着巨厚砾岩下方离层空间的越来越大，巨厚砾岩内的应力逐渐升高和集中，巨厚砾岩中储存了巨大的能量。同时在这个过程中，应力通过煤系地层的传递，在工作面周围煤岩体中产生应力集中。随着离层的发育，分别模拟了上覆砾岩层在稳定状态和失稳状态下的冲击应力演化规律，验证了巨厚砾岩这一特殊覆岩条件下的冲击机理。

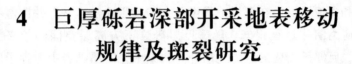

4 巨厚砾岩深部开采地表移动规律及斑裂研究

4.1 华丰煤矿地表移动变形规律及斑裂危害

4.1.1 华丰煤矿地表移动变形规律

地表移动变形是覆岩体内部变形及动态演化的表征，根据以往研究成果，可以得出深部开采地表移动变形明显与浅部开采不同。达到充分采动后，深部开采的地表下沉、水平位移值与浅部开采逐渐接近，但倾斜、曲率、水平变形三项变形值仍远小于浅部[116]。地层内部岩层的破坏规律决定地表移动规律，因而在研究地表移动破坏规律时，应该首先对上覆地层中的岩层结构及破坏规律进行分析[117]。在煤层上覆地层中普遍存在巨厚砾岩层时，观测资料中的部分参数已经超出了正常值的范围，分析认为这些异常现象的出现，是受到煤层上方巨厚砾岩层的影响所致。地层中的巨厚砾岩层对地表移动起主导作用，决定了地表移动变形的主要特征。

华丰煤矿十多年来一直进行着采动地表移动变形的观测，先后建立了 4 个观测站，观测点总数 323 个，总长 9180 m，十几年来观测站维护良好，积累了大量的观测数据，获得了部分地表移动与变形参数，为正确评价覆岩及地表移动变形规律提供了大量可靠的技术依据。

1. 华丰煤矿地表移动观测方案

岩层移动和地表变形对地面建（构）筑物、河流、交通运输及工农业安全生产有重大危害，必须进行动态观测，并掌握当前岩移和地表变形的范围、各观测点的沉降值、水平移动值及各观测点的岩移发展速度等，并提出有针对性的预防和治理措施。为了进行实地观测，需要在地表移动范围内，按一定规则埋设测点，形成测线。每条观测线应设有工作测点和控制点，工作测点设置在移动范围以内，控制点设置在移动范围以外。

华丰煤矿在矿区东北部一采区、二采区上方先后设立了4个地表移动观测站，其中1409工作面、1410工作面观测站布置如图4-1所示。观测线均基本沿着采区走向主断面，倾向主断面设置。控制点间距为50 m；观测点间距为25 m（走向线受地形限制，某些点的点间距不等）。联系测量由矿区Ⅳ等高级点，按7″级导线要求进行两次测量，水准测量采用Ⅳ等支导线水准限差要求进行测量。

2. 地表移动参数的计算方法

在一个地表观测站的观测工作结束并完成了观测成果的整理与分析之后，应进一步求取这个观测站的实测参数。求取实测参数的方法有许多种，理想的方法应该是能够利用最少的实测数据求得较好的实测参数，有两种方法：一种是要能够充分利用已有的实测成果资源，求得高精度的实测参数；另一种是在保证参数具有较好的精度情况下，可放宽对观测站的设站形式的要求，以降低设站成本。

1）求参方法

一般求参数的方法主要有三种。

（1）曲线拟合法求参法，是一种根据所有剖面上的实测下沉值和水平移动值求取参数估计值的方法。该求参数方法的拟合函数 $f(x;B)$ 形式必须是已知的，而且能够求得对各个参数

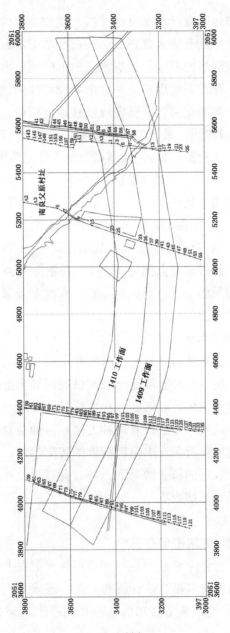

图 4-1 观测站布置平面图

的偏导数，一般适用于矩形工作面上方布设的观测站。拟合函数一般选择主断面上的表达式，在主断面上进行拟合，拟合时假设垂直于该断面方向的开采为无限开采。采用这种方法编制计算机程序时，常常将观测站划分成几种类型，规定每种类型的阶数（即参数个数）。一旦实际观测站的形式不符合类型规定，就无法求取参数了。

根据新汶矿区地表移动变形观测资料的分析，实际观测资料曲线一般符合正态分布特征（华丰煤矿观测曲线外边缘收敛较慢），采用概率积分法进行曲线拟合求参。

（2）空间问题求参法是一种将曲线拟合法求参的基本原理推广应用到整个下沉盆地上的求参方法。空间问题求参法比曲线拟合法具有明显的优势，放宽了对地表移动观测站设置的要求。但是对于任意现状工作面开采求参时，由于其预计公式的复杂性，使得上述方法无法实施，故此法也仅适用于矩形工作面求参；该法对参数初值的选取要求较高，若初值选取不当，很容易使求参失败。此外，由于观测站设置的原因，从实测数据中只能求取部分参数时，使用该求参方法也十分不方便。

（3）正交试验设计法求参法是利用数理统计学与正交性原理，从大量的试验点中挑选适量的具有代表性、典型的点，应用到"正交表"合理安排试验的一种科学的试验设计方法。将这一方法应用到实测资料求参中，其具体做法：

① 选正交表，将所求参数名称安排在正交表有关各列的表头。所求参数个数（各种沉陷预计模型所要求的参数是不同的）在此称为因子个数，用三个水平进行试验。这样，对于一般常用的沉陷模型，选用 L_{27}（3^{13}）正交表就可以了；

② 选初始水平（参数初值）作为第二水平，给出水平之间的增量值（Δ）。第一水平的参数值就等于第二水平的参数

值加 Δ，第三水平参数值就等于第二水平参数值减 Δ；

③ 根据正交表中各因子、各水平的不同组合，对具有实测资料的测点进行预计，并求出各测点实测值与预计值之差值 V。根据最优指标 $[VV]=\min$，选择出最优参数组合。通过方差分析，可确定出各参数的显著性，也就是得出了起主导作用的参数以及它们之间的关系。这一点对于其他方法求参都是不可能做到的；

④ 用第一步求得的最优参数组合作为第二水平，水平之间的增量值取 $0.5\times\Delta$，重复②、③两步，直至求得满意的参数值。

这一方法可以较好的解决任意形状工作面开采时根据任意点实测值求取参数的问题，不会由于参数初值不合适而导致求参失败。这一方法的缺点是预计工作量大，求取参数的速度缓慢。

2）求参准则

在曲线拟合法及空间问题参数求取时，均采用 $[VV]=\min$ 的准则。这一准则侧重于减小误差 V，而在移动边界处附近移动值一般较小，因此误差相应较小，它在计算中所占的"权"微不足道，即使误差较大也很难反映出来，造成了实际上各测点的不等"权"。其相对误差分布不均匀，采空区上方相对误差较小，移动边缘区域相对误差较大。

在正交化试验设计法求参数或下文将提出的模式法求参时，除了可采用 $[VV]=\min$ 的准则外，也可以采用 $[|V|/W]=\min$，即各测点的相对偏差绝对值之和等于最小的准则。$[|V|/W]=\min$ 不仅在于减小误差，而且着重于减小相对误差，无论对移动边界区域还是采空区上方的误差均可以反映出来，所以相对误差有所降低。

一般观测站均直接测得水平移动值和下沉值，因此在求参处理时也存在不同的方法。一种方法是先根据下沉值求出有关参数，并将这一部分参数固定，然后根据水平移动值求出其余的参数，这种方法处理，下沉值吻合较好，而水平移动值则误差较大；另一种方法是根据下沉和水平移动值使$[V_W V_W] + [V_u V_u] = \min$，一次求出所有的参数，这种方法处理，使两者得到了较为平均的精度，也可能造成两者误差均较大，使用该参数预计时会引起一些不必要的精度损失。

　　更为理想的处理方法是先根据下沉值获取一组参数，然后根据水平移动值获取另一组参数，对比两组参数，最后综合确定。如果两组参数中的同名参数其值差异较大时，一种处理方法是承认其差异，预计下沉、倾斜、曲率时采用一组参数，而预计水平移动和水平变形时采用另一组参数；另一种处理是找出差异的原因，修改或另选预计模型。

　　3）模式法

　　为改进现有求参方法存在的缺陷，全面解决利用任意形状工作面开采的实测资料和利用动态实测资料求取参数的问题，通过研究和反复比较，提出了智能化求参新方法——模式法求参。

　　模式法（Pattern Search）是一种求解无约束极值问题的解法，由胡克（Hooke）和基夫斯（Jeeves）于1961年提出，将这一方法应用于开采沉陷参数的求取是首次应用。这一方法具有易于编制计算机程序，追循谷线（脊线）加速移向最优点的性质，易于利用任意形状工作面或动态情况下测得的数据求取参数等优点，并且这一方法适用于所有的预计模型。

　　假定欲求某实值函数$f(x)$的极小点，为此任选一基点B_1（初始近似点），算出此点的目标函数值。然后沿某个坐标方向

以某一步长 Δ_i 进行探索，即比较 B_1、$B_1 + \Delta_i$ 以及 $B_1 - \Delta_i$ 的目标函数值，以目标函数值最小（在最小化问题中）的点为临时矢点；再由此点出发沿另一坐标方向进行同样的探索，如果能得到比以前更好的点，就以该点代替前面的点作为新的临时矢点，沿各个坐标方向轮流探查一遍，并选这一轮探索最好的点（最后的临时矢点）为第二个基点 B_2。由第一个基点 B_1 到第二个基点 B_2 构成了第一个模矢，对第一个基点来说，这是使目标函数得以改善的最有利的移动方向，沿这一方向前进，目标函数值下降 "最快"（就 B_1 附近而言），显然这一方向近似于目标函数的负梯度方向。现假定在第二个基点 B_2 附近进行类似的探索，其结果可能和在 B_1 处的情形相同，故省略这一步探索而把第一个模矢加长一倍（即所谓加速），现假设其端点是 T_{20}，这样，$B_2 T_{20}$ 就构成了假定的第二个模矢。然后，在 T_{20} 附近进行如上类似的探索，得出新的最好的点——第三个基点 B_3。据此修改假定的第二个模矢，使它的起点为 B_2，终点为 B_3，其后，再把第二个模矢延长一倍，以此类推，继续进行探索和加速，即可得到越来越好的目标函数下降点。

如果探索进行到某一步时得不出新的下降点，则应缩小步长以进行更精细的探索。当步长已缩小到某一精度要求，但仍得不到新的下降点时，即可将该点作为所求的近似最优点，就此停止迭代。

模式法求参的计算方法：

（1）构筑误差函数。

求参数设计三种方式：据下沉观测值求参、据水平移动观测值求参和下沉、水平移动联合求参。因此，其误差函数分别为

$$\in(B) = \sum \left[W(B) - W_{\text{实}} \right] \times \left[W(B) - W_{\text{实}} \right] \qquad (4-1)$$

$$\in(B) = \sum \left[U(B) - U_{实} \right] \times \left[U(B) - U_{实} \right] \qquad (4-2)$$

$$\in(B) = \sum \left[W(B) - W_{实} \right] \times \left[W(B) - W_{实} \right] +$$

$$\sum \left[U(B) - U_{实} \right] \times \left[U(B) - U_{实} \right] \qquad (4-3)$$

（2）准备数据。

求参数所需的开采工作面尺寸数据的起始数据有：实测点坐标、观测方向等数据、参数初始值。对于概率积分法参数共有 8 个，分别为拐点偏移距 S（左、右、上、下）、下沉系数 q、主要影响角 $\tan B_i$、最大下沉角 $\tan\theta$ 和水平移动系数 b。

（3）选择步长。

选择初始近似点为 B_1（第一个基点）。

$$B_1 = (q_0, \tan\beta_0, b_0, \theta_0, S_{10}, S_{20}, S_{30}, S_{40})^T \qquad (4-4)$$

为每一参数选定步长，步长 = 参数初始值 ×5%（最大下沉角的步长为 1°）。

（4）确定第二个基点。

用第一个基点参数 B_1 代入预计程序，计算出误差函数值 $\in(B_1)$。

考虑点 $B_1 + \Delta_1 = (q_0 + \Delta q)^T$（其他参数不变），用 $B_1 + \Delta_1$ 代入预计程序，计算出误差函数值 $\in(B_1 + \Delta_1)$。

考虑点 $B_1 - \Delta_1 = (q_0 - \Delta q)^T$（其他参数不变），用 $B_1 - \Delta_1$ 代入预计程序，计算出误差函数值 $\in(B_1 - \Delta_1)$。

比较 $\in(B_1)$、$\in(B_1 + \Delta_1)$、$\in(B_1 - \Delta_1)$，其中误差函数值最小者对应的参数为临时矢点，并记为 T_{11}。

同理，对下一个变量进行计算，得到 T_{12}，以此类推。

所有未被约束的 j 个参数都进行类似的探查后，求得 T_{1j}。

第二个基点 $B_2 = T_{1j}$。

（5）继续求基点。

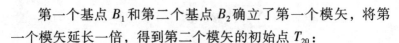

第一个基点 B_1 和第二个基点 B_2 确立了第一个模矢，将第一个模矢延长一倍，得到第二个模矢的初始点 T_{20}：

$$T_{20} = B_1 + 2(B_2 - B_1) = 2B_2 - B_1 \qquad (4-5)$$

在 T_{20} 附近进行类似的探索，求出第三个基点 B_3。这样 B_2、B_3 就确立了第三个模矢：

$$T_{30} = B_2 + 2(B_3 - B_2) = 2B_3 - B_2 \qquad (4-6)$$

（6）求参数结束准则。

对于第 i 个模矢，如 $\in (T_{ik}, k=1, j) > \in (B_i)$，则在 B_i 附近进行探索，如能得出新的下降点，即可引出新的模矢，将步长缩小以进行更精细的探查；否则，求参数结束。

由于求取开采沉陷参数而构筑的误差函数是一个较复杂的目标函数，为防止把局部极值误认为全局最优值，应从任意选取的不同起始点开始至少进行两次求参数，如它们都求得同一组参数，则所求参数值就是最优参数。

4）曲线最佳拟合的方法

在研究地表沉陷规律的过程中，数据的来源方式主要是通过观测站观测采集的方法获得，对观测数据的分析和计算有多种建模方法，但无论哪一类方法都有对曲线的处理问题。由于观测站所采集的数据都只能是曲线上的有限个点，因此，对曲线的处理也有两类方法：一类是将有限个点当作是无误差的状态来处理，即采用插值的方法；另一类是将有限个点当作是有误差的状态来处理，即采用拟合的方法。

曲线拟合的数学模型有许多种，由于所选函数的不同，会产生不同的拟合效果，需要人们按最优原则选择最佳拟合函数。此外，曲线拟合的误差分为两部分，一部分是拟合模型的误差（系统误差），另一部分是拟合数据的偶然误差。对于最佳拟合，应综合考虑这两类的联合影响，希望能将模型误差和测量误差对曲线拟合的影响减至最小。于是提出了最佳曲线拟合的方法。

设拟合曲线的理论线性模型为

$$\begin{cases} D = \sigma^2 I \\ \underset{n \times t}{Y} = \underset{n \times u}{X} \underset{u \times t}{\beta} + \underset{n \times t}{\varepsilon} + \underset{n \times t}{\Delta} \end{cases} \tag{4-7}$$

式中　X——拟合曲线的横坐标；

　　　Y——拟合曲线的纵坐标；

　　　β——拟合曲线的参数；

　　　ε——曲线拟合的模型误差；

　　　Δ——曲线拟合数据 Y 的偶然误差，且 $E(\Delta) = 0$；

　　　n——拟合曲线的观测个数；

　　　t——拟合曲线的参数个数；

　　　σ^2——观测数据方差；

　　　I——单位阵。

在实际拟合曲线方程是，一般总是不考虑模型误差 ε，采用最小二乘原则求解得

$$\hat{\beta} = (X^T X)^{-1} X^T Y \tag{4-8}$$

曲线拟合的方程在理论上应该是 $Y = X\beta + \varepsilon$，而实际拟合的方程却是 $Y = X\hat{\beta}$。显然，两者之差就是实际拟合方程的误差，设此差数为 δ，则有

$$\delta = \beta + \varepsilon - X\hat{\beta} = X(\beta - \hat{\beta}) + \varepsilon \tag{4-9}$$

将式（4-7）代入式（4-8）再代入式（4-9）得

$$\delta = (I - X(X^T X)^{-1} X^T)\varepsilon - X(X^T X)^{-1} X^T \Delta = R\varepsilon - J\Delta \tag{4-10}$$

式中，令 $J = X(X^T X)^{-1} X^T, R = I - J$。

从式（4-10）可以清楚地看到，曲线拟合的误差分为两部分，一部分是受模型误差 ε 的影响；另一部分是受观测数据

偶然误差 Δ 的影响。

当综合考虑模型误差和偶然误差的联合影响时，衡量曲线拟合方程偏差的精确度应采用均方误差，即

$$\text{MSE}(\delta) = E(\beta^T\beta) \qquad (4-11)$$

由式（4-10）出发，经推导可得

$$\text{MSE}(\delta) = E(\beta^T\beta) = E(\varepsilon^T R\varepsilon) + E(\Delta^T J\Delta) = \varepsilon^T R\varepsilon + t\sigma^2$$
$$(4-12)$$

以上推导出的式（4-12）为计算 MSE（δ）的理论公式，式中的模型误差 ε 未知，不便应用。为此，需要导出实用的公式以利于均方误差的计算。

从前面所述，由式（4-7）构成的残差表达式为

$$V = X\hat{\beta} - Y = X(\hat{\beta} - \beta) - \varepsilon - \Delta = -\delta - \Delta \qquad (4-13)$$

将式（4-4）代入，得

$$V = -\delta - \Delta = -R\varepsilon - (I-J)\Delta = -R\varepsilon - R\Delta \qquad (4-14)$$

则可求出

$$\varepsilon^T R\varepsilon = V^T V - (n-t)\sigma^2 \qquad (4-15)$$

将式（4-15）代入式（4-12），记得均方误差的使用公式为

$$\text{MSE}(\delta) = \varepsilon^T R\varepsilon + E(\Delta^T J\Delta) = V^T V - (n-t)\sigma^2 + t\sigma^2$$
$$= V^T V + (2t-n)\sigma^2 \qquad (4-16)$$

对各拟合方程的均方误差进行比较，选取 MSE（δ）为最小的，即为最佳曲线拟合方程。

经过拟合模型的优选，使模型误差 ε 对拟合方程的影响与观测误差影响相当，当模型误差不显著时，由式（4-9）知拟合误差应为

$$\delta = J\Delta \qquad (4-17)$$

设 $\Delta \sim N(0, \sigma^2)$，则拟合误差的分布为 $\delta \sim N(0, \sigma^2 J)$。

为了检验和度量拟合误差的大小，可采用 Cook 距离

$$D(MC) = \frac{(\hat{Y} - Y)^T M (\hat{Y} - Y)}{C} \qquad (4-18)$$

它实际上是带权 $\frac{M}{C}$ 的偏差 $(\hat{Y} - Y)$ 平方和，是一种惯用的度量某种偏差方法。

Cook 距离长短刻画了其影响的强度。对于 $\delta = X\beta - X\hat{\beta}$ 而言，令

$$M = J^+ = J, \ C = t\,\hat{\sigma}^2 = \frac{t}{n-t} V^T V, \ \text{则 Cook 距离}$$

$$D(Jt\,\hat{\sigma}^2) = \frac{\delta^T J \delta}{t\,\hat{\sigma}^2} \qquad (4-19)$$

于是可得在选定 α 下的拟合误差带权平方和的区间估计式为

$$\delta^T J \delta < F_{\alpha(t,n-t)} t\,\hat{\sigma}^2 \qquad (4-20)$$

上式两边均除以 $R(J) = t$ 并开方，得

$$\hat{\sigma}_\delta = \sqrt{\frac{\delta^T J \delta}{t}} < \sqrt{F_{\alpha(t,n-t)}}\,\hat{\sigma} \qquad (4-21)$$

即为 $\hat{\sigma}_\delta$ 的区间估计式。在给定显著水平 σ 下，其最大值即为拟合误差的不确定度

$$U_\delta = \sqrt{F_{\alpha(t,n-t)}}\,\hat{\sigma} \qquad (4-22)$$

3. 地表移动变形特征

华丰煤矿浅部由于 4 煤层被剥蚀，主采 6 煤层，其煤厚为 1～1.5 m，开采沉陷引起的地面沉陷问题并不突出。但是随着矿井开采深度的增加，6.2 m 的 4 煤层变为主采煤层，同时由于覆岩古近系砾岩厚度大、岩层坚硬、整体性好，且表土层薄，地表除产生明显的连续性移动外，还出现了严重的非连续变形斑裂现象。地面塌陷及斑裂已严重地损害了农田，特别是

矿井-550 m以下煤层开采波及地面村庄，开采引起的地表移动与变形引起的地面损害对村庄房屋造成破坏，给矿井生产和村庄安全带来一系列困难。

华丰煤矿煤层开采地表移动的表现特征主要有以下几个方面。

1）连续性的移动变形特征

（1）地面的移动变形出现明显的"集中"与"滞缓"现象，下沉速度变化较大，地表移动变形持续时间较长。

（2）除边界收敛较慢外，其主要影响范围下沉曲线形态特征基本满足正态分布。

（3）受整体性好、强度大巨厚砾岩的影响，下沉盆地外边界出现反弹抬高的现象。

2）非连续变形斑裂现象

（1）斑裂约在工作面推采400～600 m时，下山方向地表就有所展现，在一采区上方共出现多条较大斑裂。在开采4煤层一分层后，斑裂在地表就有发展，其宽度在0.1～0.35 m，随着二分层、三分层的开采，裂缝逐渐加宽，最宽约1.5～2.5 m。当工作面向下延续时，原产生的斑裂处在压缩变形区，其裂缝又慢慢闭合，并被黄土充填。

（2）地表斑裂方向大致与煤层走向平行，其延展方位约为100°～105°，沿走向大致连续。斑裂缝一般每隔60～80 m在地表出现一条。

（3）较大的斑裂均位于地表水平变形较大的位置，产生斑裂处地表的拉伸变形值一般大于2.8 mm/m。

（4）斑裂缝与工作面下顺槽的连线与水平线间的外夹角为64°～68°。图4-2为典型斑裂照片。

地表明显的斑裂统计情况见表4-1。1609、1610面位于

图 4-2　地表典型斑裂照片

华丰井田一采区，当其工作面推采 1200 m 时，地面发现了较大的两条新斑裂，斑裂角为 67°~72°。1409 工作面的开采促使 1609 工作面、1610 工作面开采引起的斑裂进一步发育，随着 1409 工作面向东推进，1609 工作面、1610 工作面、1409 工作面共同影响产生的斑裂向东延长，进入了故城河。

表 4-1　地表斑裂统计表

序号	斑裂走向/ (°)	长度/ m	呈显现宽度/m	地面显现情况	对应工作面位置	备　注
1	平均方向 102	290	最宽 3.0	可见	1406 下平巷	农田内
2	平均方向 100	310	最宽 1.7	可见	1406 下平巷	农田内
3	平均方向 103	80	最宽 1.2	可见	1406 下平巷	农田内
4	平均方向 94	320	最宽 1.4	可见	1406 下平巷	农田内
5	平均方向 101	131	最宽 1.3	可见	1406 下平巷	农田内

表 4 - 1 （续）

序号	斑裂走向/（°）	长度/m	呈显现宽度/m	地面显现情况	对应工作面位置	备注
6	平均方向102	195	最宽0.9	可见	1406下平巷	农田内
7	平均方向91	135	最宽1.0	可见	1406下平巷	农田内
8	平均方向96	280	最宽0.7	可见	1406下平巷	农田内村南
9	平均方向24	220	最宽0.35	可见	1406下平巷	村内不连续分布
10	平均方向101	500	最宽2.5	可见	1610下平巷	农田内
11	平均方向102	440	最宽3.5	可见	2408下平巷	农田内
12	平均方向97	300	最宽5.0	可见	1610下平巷	农田
13	平均方向105	270	最宽7.0	可见	1409下平巷	良父旧村内

小河西村内已穿村而过的两条斑纹位于村内一南一北，相隔300 m，均从小河西村由西向东发展。村南部斑纹出现较早，为1409工作面开采时出现，穿过小河西村东、南北流向的故城河，一直向东发展。村北部斑纹在2010年由村西进入村内，并穿过村庄一直向东发展。在两斑纹之间的村内出现大小不一的塌陷坑、斑裂线。斑纹穿过的民房均受到不同程度的破坏，轻者门窗变形、墙体裂缝，重者墙体歪斜、房梁松动，部分民房院内多次出现漏水的塌陷坑。

在南梁父旧村以北出现一道斑纹，长约80 m，宽约0.3～0.5 m，深0.5～1.0 m。该斑纹东距鲁里桥南部440 m，穿小河西村而过，又穿过故城河，一直向东北方向发展的斑纹在走向上处于相连续的位置。

鲁里桥目前受到的主要影响之一为主桥以南110 m路西出现的斑裂和主桥以南20 m处以西400 m出现斑裂。两条斑裂均从河西村穿村而过、又穿过故城河，一直随煤层的走向向东北方向发展。

4.1.2　地表斑裂的危害

地表出现斑裂是地表不均匀水平变形的集中剧烈表现，矿区地表斑裂的产生是地下采矿活动的结果，斑裂的发展是一个动态过程，早期裂缝较小，而且是隐伏的，随着开采范围的增大和时间的推移，斑裂不断发展扩大，波及范围大，甚至成组出现，有些裂缝较宽且发展到地面是可以目测的。斑裂是由于地下煤层开采引起上覆岩层垮落、断裂、弯曲移动形成，并发展到地表，由于岩层结构组合及其力学性质的差异，往往造成斑裂发展无规律性。

地表斑裂对农田造成严重影响，导致农田干旱无法种植；对地表建（构）筑物而言，地表斑裂会引起建（构）筑物裂缝、坍塌及损毁等。特别是矿井煤层开采波及地面村庄，开采引起的地表移动与变形将给村庄房屋及区域环境带来更为严重影响，严重制约着地表移动控制以及地表建（构）筑物的保护。同时，地表斑裂对井下工作面的涌（突）水有一定的影响，大面积开采不仅造成导水裂隙带高度显著增加，而且容易形成斑裂纹，在经过上覆岩层充分运动后，地表开始沉降，而地表沉降造成斑裂纹进一步发展成斑裂线，斑裂线又促进地表沉降区域的扩展，导致顶板水不仅在横向上大面积进入工作面，而且在垂向上也形成良好的水力联系，斑裂线成为重要的导水通道。

斑裂的危害呈现三个特点：①三维空间有限性，斑裂致灾范围仅限于斑裂带的影响空间以内，而对远离斑裂带的外围地段和更深处则不具辐射作用，并且在斑裂带范围内，其灾害效应在横向、垂向和走向上反映出来，在横向上，由主裂缝向两侧致灾强度逐渐减弱，且上盘重于下盘；在垂直方向上，沿主裂缝自地表向下灾害作用强度递减；在走向上，沿斑裂走向其灾害作用强弱很不均衡，一般在其转折段和错列部位相对为重；②灾害过程的突变性，由于斑裂灾害作用源于构造应力对土体结构的破坏和沿其走向向两端扩展，同时对斑裂两侧施加影响，因而斑裂灾害作用主要集中于主裂缝和两盘次级裂缝部位，且上盘重于下盘，地表重于地下；③斑裂显露之后，致灾作用随时间增长逐渐加重，平面上沿走向向两端不断扩展，灾害作用自下而上逐渐加强，累计破坏效应集中于基础与上部结构接合部位的浅部地表数十米范围。

4.1.3　地表斑裂的影响因素

1. 覆岩特性对地表斑裂的影响

采动覆岩自下而上变形运动是复杂的物理力学现象，其运动发展过程较为复杂，影响因素较多，但覆岩结构组合及其力学性质是主要影响因素。

覆岩不协调运动及薄表土层是地表斑裂等非连续变形产生的基本条件。地下煤体开采引起覆岩运动及应力二次分布，由于岩性、厚度的不同，部分岩层并不随弯曲下沉带整体下沉移动，而是产生较大离层，当离层达到一定跨度时在该岩层的两端或岩层整体性较差的部位发生弯拉破坏，而第四系表土层较薄，不足以吸收覆岩不协调运动产生的变形，在地表容易形成了斑裂。

2. 地质构造对地表斑裂的影响

在复杂地质条件下，断层、褶曲等地质构造破坏了覆岩结构的连续性与完整性，使开采覆岩运动复杂化，破坏了地表正常的移动变形规律，导致地表斑裂等非连续变形现象的产生。

断层附近通常会形成力学强度远低于周围岩层力学强度的断层破碎带，地下开采引起的应力二次分布导致断层破碎带附近产生应力集中作用，使断层破碎带成为岩层移动变形集中的有利位置。同时断层面的不连续性对正常地表移动变形的发展起到一定的隔断作用，断层露头处地表移动变形加剧，位于两侧的地表移动变形则趋于缓和而小于正常值，造成地表移动变形的不连续，并且岩层移动变形的过程中，岩层沿断层面发生滑动，其速度与连续的地表移动过程相比较快，经过多次复杂的运动发展，在地表逐渐形成了斑裂等地表非连续变形现象，并对地表建（构）筑物造成巨大损害，断层露头不同位置的建筑物所受到的破坏影响不同。

开采有向斜构造的煤层时，尤其是向斜轴上方地表往往出现裂缝等集中非连续变形。裂缝位置与出现时间，与采空区位置、煤层倾角、岩体和煤层内摩擦角以及向斜轴埋深等因素有关。

3. 采矿因素对地表斑裂的影响

对地表斑裂等地表非连续变形有影响的采矿因素主要包括煤层开采厚度、开采深度、采煤方法、顶板管理措施、是否重复采动等。

煤层开采厚度与开采深度对上覆岩层运动及地表沉陷过程具有重要影响。采厚增大，垮落带、断裂带发育高度增大，地表移动变形值增加，移动过程剧烈；开采深度增加地表移动范围增大，地表各项变形值减小，地表下沉值变化不大，地表移动盆地平缓，各项指标减小。

通常采用深厚比（开采深度与开采厚度的比值）作为衡量开采条件对地表移动变形影响的粗略指标。深厚比增大，地表移动变形值越小，地表移动盆地越平缓；深厚比越小，地表移动变形越剧烈，地表容易出现斑裂等地表非连续变形现象。

重复采动时地表移动和变形分布及其参数值与初次采动相

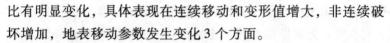

比有明显变化，具体表现在连续移动和变形值增大，非连续破坏增加，地表移动参数发生变化 3 个方面。

采煤方法与顶板管理措施是影响围岩应力分布、覆岩移动及破坏的重要因素。

4.1.4 地表斑裂机理研究

通过对现场测试及室内多项实验研究，华丰煤矿厚层砾岩条件下开采引起的地表严重斑裂现象及其机理为：

（1）从砾岩的斑裂痕迹看，除局部沿砾岩浅层原生弱面引张之外，大多数是在拉应力作用下砾岩张性断裂所致，地表斑裂产生的主要原因是煤层开采引起的。

（2）煤层开采引起了覆岩应力状态的改变。通过数值计算，在 4 煤层分层开采第一分层采后，工作面下山方向最大拉伸区在地表以下 20 m 左右，岩体附加拉应力已超过了砾岩的抗拉强度而破坏、开裂，但因其变形量较小，在地表微弱可见或不可见。三个分层开采后，随着地表移动变形量的增大，斑裂带逐渐扩张发展形成大斑裂现象，斑裂止裂深度在 50 m 左右。

（3）古近系巨厚砾岩层和第四系薄表土层强度的不同是导致地表产生斑裂的地质条件。第四系地层以自由载荷的形式附加于古近系砾岩上，作为一种松散介质，不具备任何抗拉能力。砾岩层断裂后，两侧较薄的第四系松散层，产生不同方向及量值的移动和下沉，第四系松散层难以吸收其下部巨厚砾层所产生的变形，从而导致地面斑裂。

（4）地表移动盆地外边缘（下山方向）较大的拉应力区范围内，地表浅层砾岩若存在原生薄弱带，当开采引起的附加应力大于砾岩原生薄弱带抗拉强度时，原生薄弱带较易引张开裂，并随着地表移动而扩展变化。若此范围内岩体基本不存在原生裂隙弱面,当开采所引起地表浅层岩层的最大拉应力超限时,即 $\sigma_1 \geqslant [\sigma_1]$,岩体沿着与拉应力垂直的方向张裂,由于沿走向方向连续开采的长度较大,故斑裂多是沿煤层走向方向发育产生。随着斑裂的产生发展,砾岩浅部斑裂带附近一定区域内,岩层处于应力释放状态,不再产生新的斑裂。

(5)在一采区上方,1405 工作面下平巷地表投影位置以北出现 9 条延伸长、裂宽大的斑裂缝,其裂缝之间的间距为 $60 \sim 80$ m。如果考虑 4 煤层、6 煤层开采后地面引起的水平变形叠加情况,所有九条斑裂均位于地表水平变形较大的位置,产生斑裂处地表的拉伸变形值大于 2.8 mm/m。地面斑裂与工作面下平巷外侧水平线所夹的角为 $64° \sim 68°$。

由斑裂产生机理可知,斑裂一般为张裂破坏,即巨厚覆岩运动造成地表达到其抗拉强度后,就可能出现斑裂,因此研究覆岩运动中,研究最大拉应力出现位置,即可对斑裂产生位置进行预测。

华丰煤矿的斑裂破坏直接削弱了巨厚砾岩的完整性和强度,为砾岩的进一步破断及岩层移动沉降提供了条件,也为煤层冲击地压的发生提供了条件。为了研判斑裂位置和发育规律,有必要分析砾岩受力特征,通过建立离层状态下巨厚砾岩承载力学模型,分段推导出了巨厚砾岩的艾利应力函数,确定了砾岩上下两面最大拉应力的位置及大小,从而求导出上下两面临界拉应力下工作面的开采长度。

4.2 深井开采地表移动对桥梁的影响

4.2.1 影响区域概况

影响区域除村庄、农田、水渠及道路以外,还有南梁父桥和鲁里大桥。

南梁父桥为附近村民为解决通行问题自行建设，其结构设计不规范，全桥共十跨，桥台端为两跨拱桥，中间6跨为简支板桥，下部为浆砌片石重力式墩台，块石镶面。南梁父桥通行拉煤、拉砂车辆，交通量较大，车辆超载现象非常严重，桥梁长期处于超负荷使用状态，同时受采动影响导致地表下沉较为严重，南梁父桥的情况如图4-3所示。

图4-3　南梁父桥情况

鲁里桥位于本区北部，是连接汶河南北两岸的交通要道，允许通过20 t车辆。该桥全长429 m，共32孔，孔距13 m，64根桥柱，桥台引桥总长173 m，桥面宽8 m，属钢筋混凝土结构的梁板式简支桥，设计承载负荷为汽车20 t。鲁里桥整体结构如图4-4所示。

一采区开采后，鲁里桥南部处于开采影响的主要变形区域内。若在桥梁上山方向留设保护煤柱，压煤量巨大，将会造成大量宝贵煤炭资源的浪费，并影响煤矿接续和生产。鲁里桥自建成通车后，南北引桥受非采动影响受损严重，路面凹凸不平，主桥桥面在来往重车碾压的影响下，桥面垫层局部脱落，桥板也出现了麻面。桥面于2007年8月重新进行了抹面铺设，

图4-4　鲁里桥情况

铺设完工后，桥面上重新布设了观测点，一直观测至今。

4.2.2　地表移动变形对桥梁的影响特征

煤炭开采造成的地表变形是一种严重的地质灾害，破坏耕地，损坏建（构）筑物，给工农业生产带来严重威胁。地表变形包括地表下沉、倾斜变形、曲率变形、水平移动、水平变形及非连续变形等形式，这些移动与变形过程将对桥梁产生破坏作用。

1. 地表变形对桥梁的破坏规律

桥梁是长条状结构物，长宽比大，墩台彼此独立且可在一定范围内自由移动，位移受梁体结构的约束，煤层开采引起的地表变形对桥梁造成的影响有一定的规律[118,119]。

（1）就地表下沉而言，桥梁不受潜水位高低的影响，开采沉陷的影响只需要考虑桥梁本身就可以了。地表均匀下沉时，地面建（构）筑物也随之产生整体下沉，整体均匀下沉一般对建（构）筑物没有危害影响。但桥梁为类似线性构筑物，其所处地表必然非均匀下沉。鲁里桥下部结构为重力式桥台和钻孔灌注桩上接柱式墩，受地表沉降影响较小，上部结构为预制拼装的钢筋混凝土简支板桥，桥体受到支座沉降的影响不会产生附加内力，故只要各墩台的下沉差不是很大，对桥梁本身影响不大。

（2）高耸建筑物可能会因结构的承载能力不足和失去稳定性而遭受破坏，甚至倾倒，但一般的倾斜值对桥梁建筑影响不大。负曲率变形时，建（构）筑物基础中部呈"悬空"状态；正曲率变形时，基础两端处于"悬空"。地表倾斜引起桥梁墩柱的倾斜，并产生附加弯矩，使墩柱处于偏心受压状态，当偏心矩较大时，墩柱最弱截面受拉边缘的混凝土出现受拉破坏。地表出现曲率变形，则地表面变成曲面形状，墩柱向桥梁跨外或跨间方向发生倾斜，损坏桥梁结构。不论是倾斜还是曲率变形，对桥梁而言都可以表示成为纵向和横向坡度的变化。桥梁规范中，低等级道路上的桥，其允许纵坡可以达到5%，地表倾斜（简单认为地表倾斜与桥梁倾斜相同）可以为50 mm/m；而横向的倾斜，桥梁允许的横向超高坡度可以达到8%，也就是80 mm/m。

（3）对桥梁影响大的地表变形是水平位移和水平变形，水平变形是关键影响因素。地表水平变形导致墩柱受到附加作用力，当墩柱受到拉伸应力时，桥梁构件混凝土拉裂；当墩柱受到压缩应力时，发生挤压破坏。13 m的钢筋混凝土板的设计长度为12.96 m，考虑温度升高时的板长增加和制造误差，板间的间隙可按20 mm考虑，故水平压缩达到1.5 mm/m，板间间隙即被挤死，再增加的话，板就会拱起，并造成混凝土压碎破坏。如发生水平拉伸，按照支座大小和盖梁的宽度，水平拉伸达到1.5 mm/m时，桥板会发生掉落，导致垮桥。

（4）桥体受到开采影响，以结构受拉破坏为主，这些部位主要分布在桥面下表面，主梁端部、中部，桥墩柱的顶部、底部及中间部位。桥墩柱受到的影响最大，破坏往往从桥墩柱开始，随着地表变形的增加，主梁受到影响。

2. 斑裂对桥梁的影响特点

地面出现斑裂使桥梁的变形更加不规则。由于华丰煤矿的上覆砾岩厚度大、硬度高、完整性强，且第四系松散层较薄只有 0~8 m，地表斑裂规律出现，并且斑裂宽度很大，局部可以达到 1000 mm 以上。

斑裂对桥梁的影响呈现三个特点：

（1）三维空间有限性。斑裂致灾范围仅限于斑裂带的影响范围内，而对远离斑裂带的外围地段和更深处则不具辐射作用，并且在斑裂带范围内，其灾害效应在横向、垂向和走向上反映出来。在横向上，由主裂缝向两侧致灾强度逐渐减弱，且上盘重于下盘；在垂直方向上，沿主裂缝自地表向下灾害作用强度递减；在斑裂走向上，其灾害作用强弱很不均衡，一般在其转折段和错列部位相对为重。

（2）灾害过程的突变性。由于斑裂灾害作用源于构造应力对土体结构的破坏和沿其走向向两端扩展，同时对斑裂两侧施加影响，因而，斑裂灾害作用主要集中于主裂缝和两盘次级裂缝部位，且上盘重于下盘，地表重于地下。

（3）斑裂显露之后，致灾作用随时间变化逐渐加重，平面上沿走向向两端不断扩展，灾害作用自下而上逐渐加强，累计破坏效应集中于基础与上部结构接合部位的地表浅部数十米范围。当斑裂发展到桥梁地基突然出现时，桥必然会突然坍塌，此时若恰好有行人或车辆行走于塌垮部位，其后果不堪设想。因此，斑裂发展到地面之前，必须封闭交通，防止出现桥毁车落现象。

3. 斑裂对桥梁的影响表现形式

斑裂对桥梁的影响表现主要有以下5种形式。

（1）斑裂引起地基基础变形，从而使桥梁产生裂缝。由于基础竖向不均匀沉降或水平方向产生位移，使结构中产生附加应力并超出混凝土结构的抗拉能力，导致结构开裂。其可能产生开裂的位置和形式包括以下两种情况。

一种情况为斑裂引起部分地基下沉，桥梁基础出现不均匀沉降，桥面铺装被拉裂，如图4-5所示。另一种情况为斑裂引起桥梁基础出现水平方向的位移，造成板间纵向距离加大，由于板顶与铺装底部产生相对位移将板顶或铺装层底部混凝土拉裂，如图4-6所示。

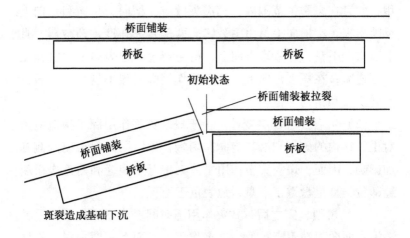

图4-5 基础不均匀沉降造成桥面铺装被拉裂

（2）由于地基累积沉降导致桥梁净空减小。

（3）斑裂引起桥梁的桥面线形不平顺、开裂、过大的变形和接头跳车等问题。

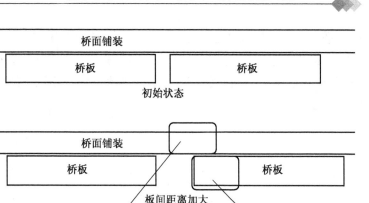

图4-6 水平方向的不均匀位移造成板顶或铺装层底部混凝土拉裂

（4）斑裂变形区内桥墩、基础受到岩土介质变形产生附加内力，其主要表现形式为剪力，变形剧烈情况下可能将桩基剪断。

（5）斑裂传播过程中，到达基础位置时，如果基础本身刚度较大，斑裂会绕过基础向前延伸，如果基础刚度较小，斑裂会直接从基础下穿过。鲁里桥采用桩基础，刚度较小，如果斑裂恰好从桩间穿过，可能造成桩、柱发生严重倾斜变形，甚至在盖梁底部产成拉伸断裂，最后造成桥梁垮塌。

4.2.3 采动影响下桥梁变形机理

1. 采动影响下地基的变化

桥梁地基的强度和刚度受采动的影响，随着地表拉伸变形的增大，地基强度和刚度降低[120-124]。地表变形达到一定值时，地基达到其长期强度。如图4-7所示，假设把松散砂土中的颗粒看作圆球密实地排列成立方体，那么，拉伸区的颗粒在水平方向上变松散（层厚减小 Δh），而压缩区则被压实，颗粒重新排成"棱形"。其中，一部分向上挤，使层厚增大 Δh_3（如果土层沿水平方向是没有弯曲的纯剪切变形，则土层厚度应减小 Δh_2）。

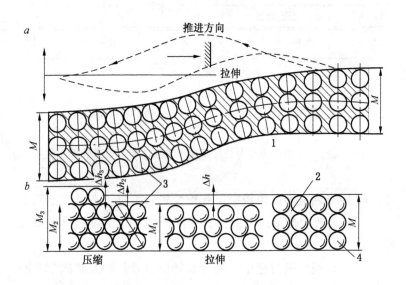

a—充分采动含水黏性土层的变形；b—松散土层中颗粒组合成立方体和菱形；
1—空隙水结合和矿物杂质；2—孔隙；3—砂粒；4—采动作用前颗粒排列

图 4 - 7　受采动影响地基的变化

2. 采动桥梁混凝土板的破坏条件

地下煤炭的开采，引起上覆岩体断裂、冒落，并波及地表，在地表形成下沉盆地，并出现不同程度的非连续变形裂缝。栾元重[125]针对桥梁下安全开采问题，提出了桥梁受采动影响以应变为指标的破坏准则。地表变形主要采用水平变形作为控制指标，在采动影响下，桥梁钢筋混凝土板的破坏，可用

应变为控制指标来建立其破坏准则，表达式为

$$\beta(3J'_2) + \alpha I'_1 = \varepsilon_u^2 \tag{4-23}$$

$$\varepsilon_u^2 = 1.355[(\varepsilon_x^2 + \varepsilon_y^2 - \varepsilon_x\varepsilon_y) + 0.75(r_{xy}^2 + r_{yz}^2 + r_{xz}^2) +$$
$$0.355\varepsilon_u(\varepsilon_x + \varepsilon_y)] \tag{4-24}$$

式中，$I_1 = \sigma_1 + \sigma_2 + \sigma_3$ 为第一不变量；$J'_2 = \dfrac{1}{6}[(\sigma_1 - \sigma_2)^2 + (\sigma_2 - \sigma_3)^2 + (\sigma_1 - \sigma_3)^2]$ 为第二不变量；ε_u 为桥梁混凝土板的极限总应变，ε_u 为未知量。由方程直接求解，ε_x、ε_y、r_{xy}、r_{yz}、r_{xz} 为由桥梁变形监测网监测到的 x、y 方向上水平变形值和扭曲变形值；ε_m 为桥梁的最大拉伸或压缩的极限变形值，一般取 $3 \sim 4$ mm/m。

如 $\varepsilon_u > \varepsilon_m$，表示桥梁钢筋混凝土板达到极限变形，构件失云全部强度和刚度性能。

3. 桥梁开裂与拉伸刚化作用

1）桥梁开裂的应力应变模型

在采动影响下，假如桥梁钢筋混凝土抗拉强度突然达到了极限值，在垂直于最大主应力的平面内产生裂缝，裂缝只产生在和结构平面 $X—Y$ 的平面内。裂缝产生后，垂直于裂缝方向的弹性模量和泊松比都降为零，并采用缩减的剪切模量。

用 1、2 作为结构平面上的两个主方向，在 1 方向开裂的混凝土的应力应变关系式为

$$\begin{bmatrix} \sigma_1 \\ \sigma_2 \\ \tau_{12} \\ \tau_{13} \\ \tau_{23} \end{bmatrix} = \begin{bmatrix} 0 & 0 & 0 & 0 & 0 \\ 0 & E_h & 0 & 0 & 0 \\ 0 & 0 & G_{12}^C & 0 & 0 \\ 0 & 0 & 0 & G_{13}^C & 0 \\ 0 & 0 & 0 & 0 & 5G/6 \end{bmatrix} \begin{bmatrix} \varepsilon_1 \\ \varepsilon_2 \\ r_{12} \\ r_{13} \\ r_{23} \end{bmatrix} \tag{4-25}$$

若在 1、2 方向都开裂，应力应变关系为

$$\begin{bmatrix} \sigma_1 \\ \sigma_2 \\ \tau_{12} \\ \tau_{13} \\ \tau_{23} \end{bmatrix} = \begin{bmatrix} 0 & 0 & 0 & 0 & 0 \\ 0 & 0 & 0 & 0 & 0 \\ 0 & 0 & \frac{1}{2}G_{12}^C & 0 & 0 \\ 0 & 0 & 0 & G_{13}^C & 0 \\ 0 & 0 & 0 & 0 & G_{23}^C \end{bmatrix} \begin{bmatrix} \varepsilon_1 \\ \varepsilon_2 \\ r_{12} \\ r_{13} \\ r_{23} \end{bmatrix} \qquad (4-26)$$

式中　E_h——钢筋混凝土的杨氏模量；

　　　G——剪切模量。

由于在桥梁钢筋混凝土板和壳体设计时，采用片状裂缝模式，即认为裂缝并未分别离散，仅是分布在有限单元内部，开裂后混凝土仍可以传递相当大的剪切应力[126]。同时，钢筋的合缝作用对垂直于裂缝方向的剪切刚度有贡献，剪切模量为

$$G_{12}^C = 0.25G\left(1 - \frac{\varepsilon_1}{0.004}\right) \quad \text{或} \quad G_{12}^C = 0$$
$$(\varepsilon_1 \geqslant 0.004) \qquad (4-27)$$

$$G_{13}^C = G_{12}^C \qquad G_{23}^C = \frac{5G}{6} \qquad (4-28)$$

若混凝土在两个方向开裂，则剪切模量为

$$G_{13}^C = 0.25G\left(1 - \frac{\varepsilon_1}{0.004}\right) \quad \text{或} \quad G_{13}^C = 0$$
$$(\varepsilon_1 \geqslant 0.004) \qquad (4-29)$$

$$G_{23}^C = 0.25G\left(1 - \frac{\varepsilon_2}{0.004}\right) \quad \text{或} \quad G_{23}^C = 0$$
$$(\varepsilon_2 \geqslant 0.004) \qquad (4-30)$$

$$G_{12}^C = 0.5G_{13}^C \quad \text{或} \quad G_{12}^C = 0.5G_{23}^C \quad (G_{23}^C < G_{13}^C) \qquad (4-31)$$

2）桥梁的拉伸刚化作用

在桥梁的钢筋混凝土构件中，由于普通钢筋和混凝土之间的黏结作用，开裂后裂缝间还承受垂直于开裂面的一定量拉伸荷载，即使裂缝处的混凝土的拉伸应力为零，但未开裂处的钢筋混凝土仍有黏结作用，即一段距离内的平均值也不会为零。考虑拉伸强化作用是顾及了混凝土在拉力作用下的应力——应变曲线的下降段，即混凝土在裂缝产生以后由于受到拉筋的合缝作用等，开裂混凝土仍可承受部分荷载，下降段可采用斜直线。

如图 4-8 所示，为混凝土拉伸刚化特性图。假定图中开裂混凝土的加载和卸载过程呈线性特性，具有假想的弹性模量 E_i 可表示为

$$E_i = \alpha f'_t \left(1 - \frac{\varepsilon_i}{\varepsilon_m}\right) l \varepsilon_i \quad (\varepsilon_t \leqslant \varepsilon_i \leqslant \varepsilon_m) \qquad (4-32)$$

式中　　ε_t——混凝土达到极限拉伸应力时的应变；

　　　　ε_m——规定的极限应变值；

　　　　ε_i——所考虑的点上拉伸应变所达到的最大值；

　　　　ε_1——材料方向 1 的即时拉伸应变；

　　　　$\alpha f'_t$——屈服应力。

4.2.4　煤层开采对桥梁的影响预计

1. 工作面开采后地表变形预计

研究采动引起的地表变形对桥梁结构的破坏规律，必须首先掌握开采引起的地表沉陷变形的规律，只有准确地预测地表变形，才能有效地研究受采动影响桥梁结构的可靠性和抗变形技术等。

根据开采引起的地表沉陷变形规律并结合华丰煤矿实际生产情况，采用概率积分法计算机程序对地表移动变形进行预测。根据影响桥梁工作面的开采顺序分别依次进行 1612 工作

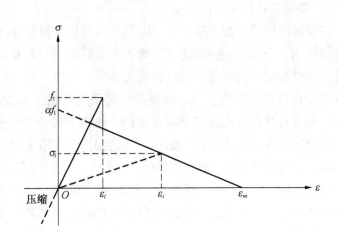

图 4 - 8　混凝土拉伸刚化特性图

面、1411 工作面、1613 工作面、1412 工作面开采后的地表变形预计。移动变形计算的主要公式为

$$
\begin{cases}
\text{下沉} \quad W(x) = \dfrac{W_{cm}}{\sqrt{\pi}} \int_{-\sqrt{\pi}\,\frac{x}{r}}^{\infty} e^{-\lambda^2} d\lambda \\[3mm]
\text{倾斜} \quad i(x) = \dfrac{W_{cm}}{r} e^{-\pi\left(\frac{x}{r}\right)^2} \\[3mm]
\text{曲率} \quad K(x) = \dfrac{2\pi}{r} W_{cm} \left(\dfrac{x}{r}\right) e^{-\pi\left(\frac{x}{r}\right)^2} \\[3mm]
\text{水平移动} \quad U(x) = b W_{cm} \cdot e^{-\pi\left(\frac{x}{r}\right)^2} \\[3mm]
\text{水平变形} \quad \varepsilon(x) = -2\pi \dfrac{W_{cm}}{r} \left(\dfrac{x}{r}\right) \cdot e^{-\pi\left(\frac{x}{r}\right)^2}
\end{cases}
\qquad (4-33)
$$

式中，x 为计算点的坐标，m。

坐标原点为计算边界（考虑拐点偏距）在地表的投影。

移动和变形的最大值及其位置计算公式为

$$\begin{cases} \text{最大下沉值} \quad W_{cm} = qm \cdot \cos\alpha, \text{mm};\text{位置}:x = \infty \\[2mm] \text{最大倾斜值} \quad i_{cm} = \dfrac{W_{cm}}{r}, \text{mm/m};\text{位置}:x = 0 \\[2mm] \text{最大曲率值} \quad K_{cm} = 1.52\dfrac{W_{cm}}{r^2}, 10^{-3}/m;\text{位置}:x = \pm 0.4r \\[2mm] \text{最大水平移动值} \quad U_{cm} = b \cdot W_{cm}, \text{mm};x = 0 \\[2mm] \text{最大水平变形值} \quad \varepsilon_{cm} = 1.52b\dfrac{W_{cm}}{r}, \text{mm/m};\text{位置}:x = \pm 0.4r \end{cases}$$

$$(4-34)$$

根据矿井多年的地表移动观测数据，按照正常开采条件选取研究区域概率积分法预计参数：下沉系数 $q = 0.62$、水平移动系数 $b = 0.34$、主要影响角正切 $\tan\beta = 2.35$、开采传播影响角 $\theta = 86°$、拐点偏移距 $0.05H$。

1）1612 工作面开采引起的地表移动变形计算

就华丰煤矿鲁里桥下安全开采而言，对鲁里桥影响最大的地表变形为地表水平变形。1612 工作面开采引起的地表走向、倾向水平变形等值线如图 4-9a、图 4-9b 所示。1612 工作面开采对鲁里桥和南梁父桥产生的移动变形值见表 4-2。

表 4-2 1612 工作面开采地表移动变形值表

建筑物名称	下沉/mm	倾斜/(mm·m⁻¹)		水平变形/(mm·m⁻¹)		曲率/(10⁻³·m⁻¹)	水平移动/mm
		东西	南北	东西	南北		
鲁里桥	380	-2.0	0.5	2.0	-0.3	0.01	-500
南梁父桥	1750	-4.0	0.5	-2.0	0.4	-0.01	-900

2）1411 工作面开采引起的地表移动变形计算

1411 工作面开采地表走向水平变形等值线如图 4-10 所示。1411 工作面开采引起的地表水平变形值见表 4-3。

表 4-3   1411 工作面开采地表移动变形值表

建筑物名称	下沉/mm	倾斜/（mm·m⁻¹）		水平变形/（mm·m⁻¹）		曲率/（10⁻³·m⁻¹）	水平移动/mm
		东西	南北	东西	南北		
鲁里桥	1000	-3.0	1.0	2.5	-1.2	0.015	-700
南梁父桥	2100	-1.5	0.5	-1.0	0.5	-0.01	-800

3）1613 工作面开采引起的地表移动变形计算

1613 工作面开采引起的地表水平变形等值线如图 4-11 所示。1613 工作面开采对鲁里桥和南梁父桥产生的移动变形值见表 4-4。

表 4-4   1613 工作面开采地表移动变形值表

建筑物名称	下沉/mm	倾斜/（mm·m⁻¹）		水平变形/（mm·m⁻¹）		曲率/（10⁻³·m⁻¹）	水平移动/mm
		东西	南北	东西	南北		
鲁里桥	1100	-3.5	1.5	2.5	-1.2	0.018	-800
南梁父桥	2100	-1.5	0.5	-1.0	0.5	-0.01	-700

4）1412 工作面开采引起的地表移动变形计算

1412 工作面开采引起的地表水平变形等值线如图 4-12 所示。1412 工作面开采对鲁里桥和南梁父桥产生的移动变形值见表 4-5。

表4-5 1412工作面开采地表移动变形值表

建筑物名称	下沉/mm	倾斜/（mm·m⁻¹）		水平变形/（mm·m⁻¹）		曲率/（10⁻³·m⁻¹）	水平移动/mm
		东西	南北	东西	南北		
鲁里桥	1500	-3.0	1.0	2.0	-1.0	0.015	-950
南梁父桥	2100	-1.5	0.5	-1.0	0.5	-0.01	-600

5）煤层开采引起的鲁里桥下沉预计

1612工作面、1411工作面、1613工作面、1412工作面煤层开采引起的鲁里桥下沉预计曲线如图4-13所示。

综上所述，1612工作面和1411工作面开采对鲁里桥还有较大影响，而1411工作面开采对鲁里桥的影响更主要的体现在地表及桥梁的下沉上。1613工作面和1412工作面对鲁里桥的影响主要在于对煤层前期开采引起的水平移动的恢复。可以考虑在保证鲁里桥通行安全的情况下待1411工作面回采结束后再重建，但在1411工作面回采期间需加强对鲁里桥的巡视和观测，若发现破坏迹象需立即重建。

2. 采动后斑裂发展趋势

1612工作面、1411工作面、1613等工作面回采对鲁里桥的影响包括下沉、倾斜与曲率、水平移动与变形、斑裂，而且这些影响都是逐渐加重的，1612工作面回采结束后地表斑裂预计会发育到鲁里桥的南端，而1411工作面开采导致的斑裂线基本不会发展到鲁里桥。就目前实际情况来看，1612工作面回采已经基本结束，斑裂线尚未扩展到鲁里桥。因此，需要在1613工作面、1412工作面回采期间加强对斑裂与隐伏斑裂的探测以及其发展趋势的预测。

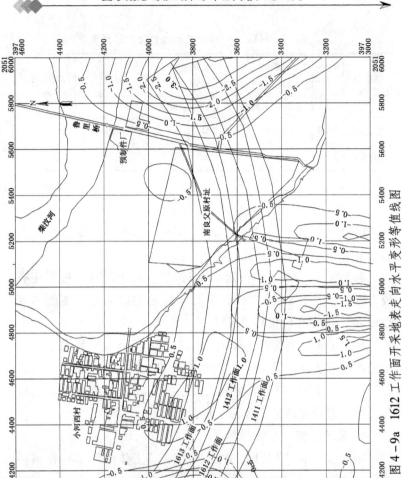

图 4-9a 1612 工作面开采地表走向水平变形等值线图

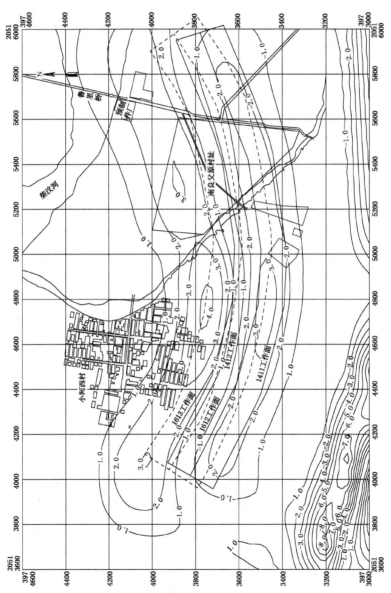

图 4-9b 1612 工作面开采地表倾向水平变形等值线图

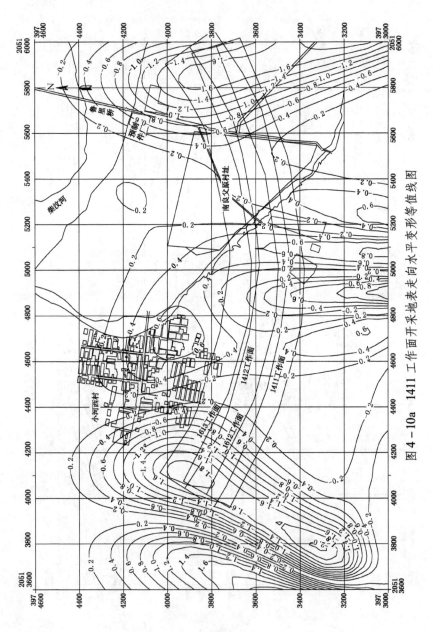

图 4-10a 1411 工作面开采地表走向水平变形等值线图

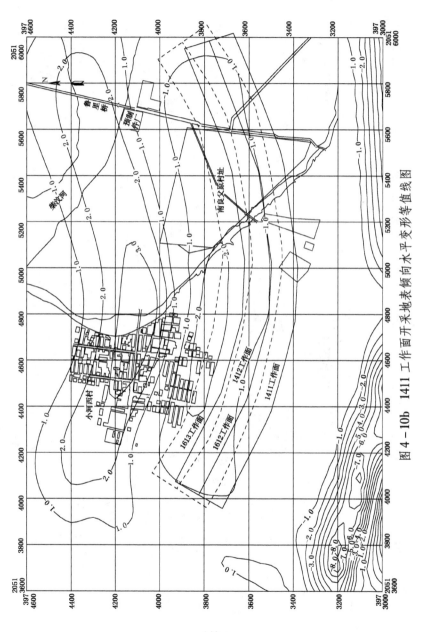

图 4-10b 1411 工作面开采地表倾向水平变形值等线图

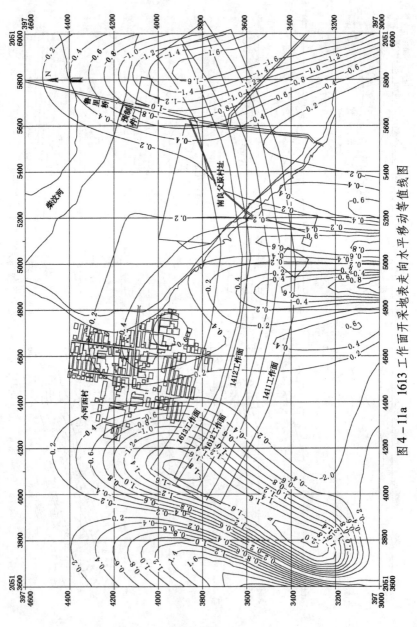

图 4-11a 1613 工作面开采地表走向水平移动等值线图

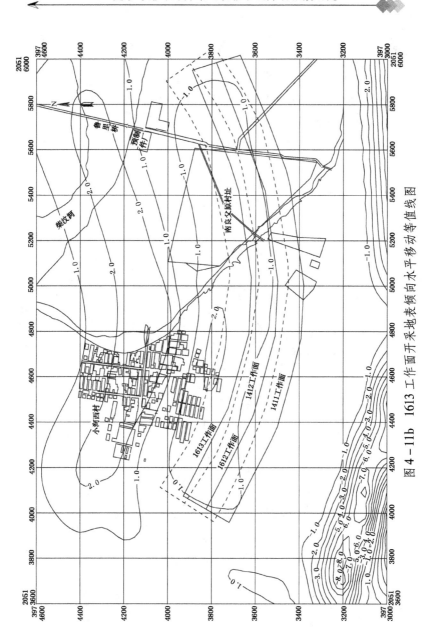

图 4-11b 1613 工作面开采地表倾向水平移动等值线图

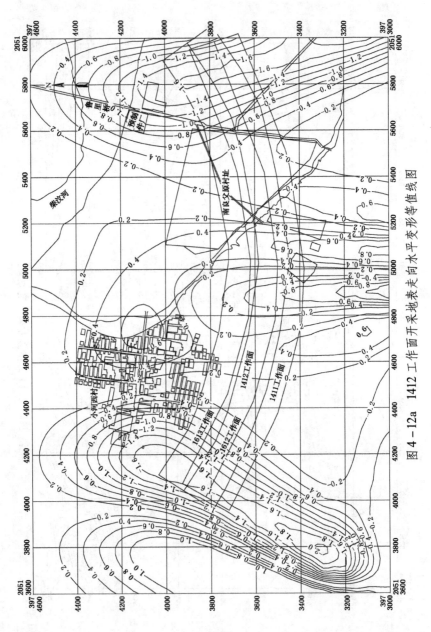

图 4-12a 1412 工作面开采地表走向水平变形等值线图

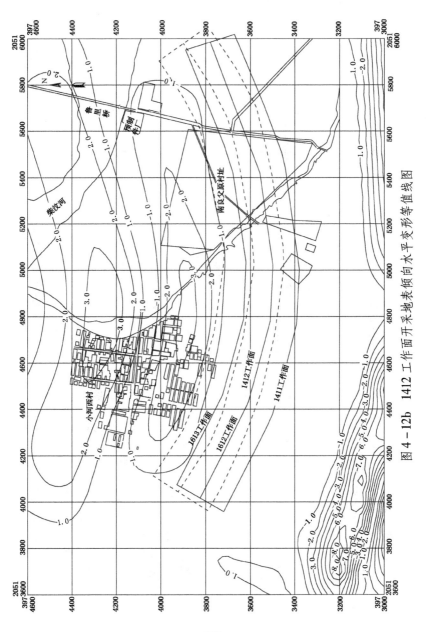

图 4 - 12b 1412 工作面开采地表倾向水平变形值等形线图

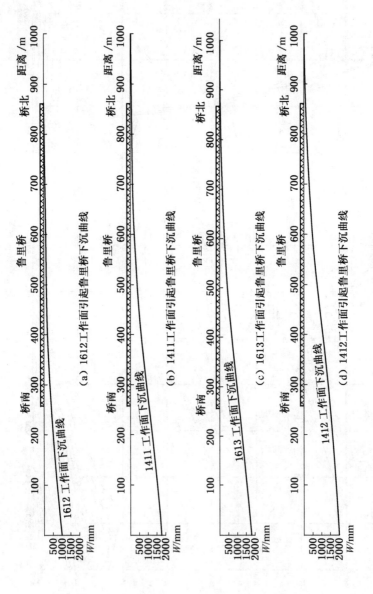

图 4-13 煤层开采引起的鲁里桥下沉预计曲线

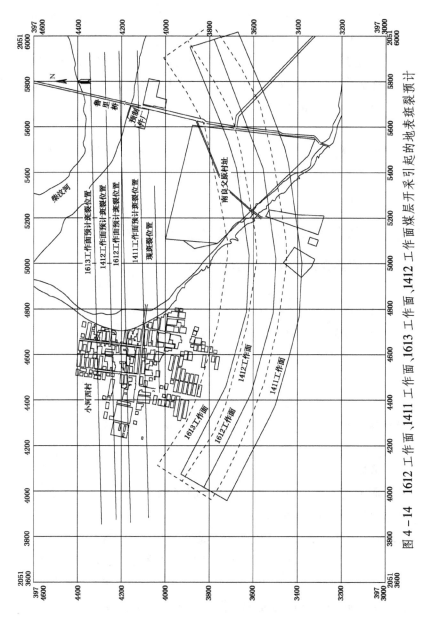

图 4 - 14 1612 工作面、1411 工作面、1613 工作面、1412 工作面煤层开采引起的地表斑裂预计

根据以往研究结果，华丰煤矿在浅部开采时，产生斑裂处地表的拉伸变形值一般大于 2.8 mm/m。目前华丰煤矿开采深度大大加大，相应的巨厚砾岩层的厚度也增大，根据相应的分析和计算，当前地质采矿条件下地表拉伸变形值大于 2.1 mm/m 时，地表会出现斑裂[127]。据此可以分别依次预计 1612 工作面、1411 工作面、1613 工作面、1412 工作面开采后的地面斑裂产生位置，如图 4 – 14 所示。一般在工作面推进 400 ~ 600 m 时地表出现斑裂，因此应该在相应地点在地表斑裂出现前进行隐伏斑裂的探测。

4.3 巨厚砾岩地表斑裂产生位置及判据

4.3.1 煤层开采巨厚砾岩力学模型

华丰煤矿斑裂多是沿着煤层走向方向产生，在倾向方向上取单位厚度的岩层进行研究。承载模型如图 4 – 15 所示。x 轴方向为煤层倾向方向，斑裂产生的位置与该平面垂直。因煤层倾角 6° ~ 8°，故把巨厚砾岩及下部煤岩层设为近水平。

华丰煤矿第四系松散层较薄，主要为松软的表土及流砂层。对覆岩水平变形影响很小，可以忽略其影响；古近系砾岩厚度大，硬度高，完整性强，可以看作连续均匀的弹性体[128]。

覆岩的重度为 γ，厚度为 h，工作面的累计长度为 $2L$，在工作面两侧因开采而引起砾岩和煤层接触面应力变化的长度为 s，模型如图 4 – 15 所示。

4.3.2 巨厚砾岩下煤层开采地表最大拉应力解析解

对上覆岩层进行受力分析，覆岩除受重力作用，覆岩的两端也受煤岩体的支承压力，随着距煤壁距离的增加，支承压力先增大后减小，本次为简便计算，设支承压力为线性分布，煤

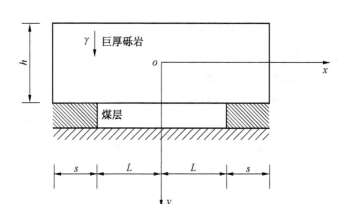

图 4-15 巨厚砾岩力学承载模型

体上覆砾岩在端部受弯矩的作用下会重新分布,重心向采空区方向移动,设受下部煤体支承压力最小的点为 A 点,受力示意图如图 4-16 所示。

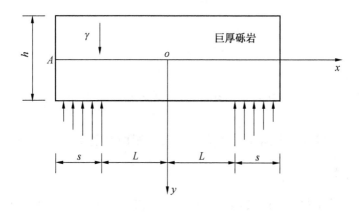

图 4-16 巨厚砾岩受力示意图

由图 4-16 所示，该力学模型主要边界上载荷不是连续的，不能表示成代数多项式的形式，把该模型分为采空区上覆岩层、由煤岩体支承的两部分砾岩。

4.3.3 砾岩最大拉应力推导

取图 4-16 左侧巨厚砾岩部分进行分析，如图 4-17 所示，在该模型的 $x=s$ 面上，面力分布不清，仅知静力效应，即主矢量和主矩，因无法精确地写出边界条件，只能从静力等效原则出发，放松边界条件，让作用于这局部边界上的应力的主矢量和主矩，分别同所给面力的主矢量和主矩相等。

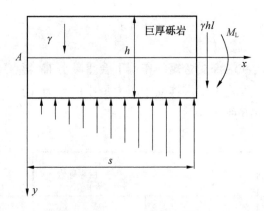

图 4-17 煤体上覆巨厚砾岩力学模型

采空区上部岩梁简化为嵌固梁，则两端的剪切力 $\tau_{xy} = \gamma l$，弯矩为 $M_L = \dfrac{\gamma h l^2}{3}$。

煤体对砾岩的支承压力有两部分组成：采空区上覆岩层重力引起的切应力，煤体上覆砾岩的自重。

煤体对采空区上覆岩层重力引起的切应力的支承压力会随

着距煤壁的距离的增加而衰减，设支承压力为线性衰减，支承压力方程设为 $P_L = kx$，则

$$\tau_{yx} h = \int_0^s P_L \, \mathrm{d}x = \int_0^s kx \, \mathrm{d}x \qquad (4-35)$$

解得

$$k = \frac{2lh\gamma}{S^2}$$

假设由此力引起的支承压力 P_S 为线性分布，斜率为 k_1，煤体上覆砾岩重力在端部受弯矩的作用下会重新分布，重心向采空区方向移动，重新分布的支承压力也为线性分布，方程为 $P_S = k_1 x$，则

$$\gamma sh = \int_0^s P_s \, \mathrm{d}x = \int_0^s k_1 x \, \mathrm{d}x \qquad (4-36)$$

解得

$$k_1 = \frac{2\gamma h}{s}$$

由式（4-35）、式（4-36）可得煤体对上覆砾岩的支承压力方程为

$$P = P_S + P_L = \frac{2\gamma h(l+s)}{s^2} x \qquad (4-37)$$

上覆砾岩保持平衡状态，要满足力的平衡和力矩平衡，对 $(s=0)$ 点取矩，得力矩平衡方程为

$$\begin{cases} \dfrac{s}{2} \cdot \gamma hs - \dfrac{s}{3} \cdot \int_0^s P \mathrm{d}x = M_L \\[2mm] \dfrac{s}{2} \cdot \gamma hs - \dfrac{s}{3} \cdot \int_0^s \dfrac{2\gamma h(l+s)}{s^2} x \mathrm{d}x = \dfrac{\gamma hl^2}{3} \end{cases} \qquad (4-38)$$

解得

$$s = (1+\sqrt{3})l$$

本问题的边界条件为

$$\begin{cases} (\sigma_y)_{y=\frac{h}{2}} = \dfrac{2\gamma hl(l+s)}{s^2} x, \; (\tau_{xy})_{y=\frac{h}{2}} = 0 \\[2mm] (\sigma_y)_{y=-\frac{h}{2}} = 0, \; (\tau_{xy})_{y=\frac{-h}{2}} = 0 \end{cases} \qquad (4-39)$$

$$(\sigma_x)_{x=0} = 0 \qquad (\tau_{xy})_{y=0} = 0 \qquad (4-40)$$

$$\begin{cases} \int_{-\frac{h}{2}}^{\frac{h}{2}} y(\sigma_x)_{x=s} \mathrm{d}y = \dfrac{-\gamma h l^2}{3} \\[4mm] \int_{-\frac{h}{2}}^{\frac{h}{2}} (\tau_{yx})_{x=s} \mathrm{d}y = -\gamma h l \end{cases} \qquad (4-41)$$

代入边界条件解之得

$$\sigma_x = \frac{x^3}{6}\left[\frac{-120l\gamma(41\sqrt{3}+64)}{40s^2h^2+3h^4}y - \frac{8\gamma l^2}{2s^3-sh^2}\right] +$$

$$x\left[\frac{-40l\gamma(41\sqrt{3}+64)}{40s^2h^2+3h^4}y^3 - \frac{8\gamma l}{2s^3-sh^2}y^2 + \frac{2\gamma l^2}{3sh}\right] \qquad (4-42)$$

取上表面的拉应力，代入 $y = -\dfrac{h}{2}$，得

$$(\sigma_x)_{y=-\frac{h}{2}} = \frac{x^3}{6}\left[\frac{-60l\gamma(41\sqrt{3}+64)}{40s^2h^2+3h^3} - \frac{8\gamma l^2}{2s^3-sh^2}\right] +$$

$$x\left[\frac{-5l\gamma h(41\sqrt{3}+64)}{40s^2+3h^2} - \frac{2\gamma lh^2}{2s^3-sh^2} + \frac{2\gamma l^2}{3sh}\right] \qquad (4-43)$$

对 $(\sigma_x)_{y=-\frac{h}{2}}$ 求导，在 $x=s$ 处取得最大值，有：

$$(\sigma_x)_{x=s,y=-\frac{h}{2}} = \frac{s^3}{6}\left[\frac{-60l\gamma(41\sqrt{3}+64)}{40s^2h+3h^3} - \frac{8\gamma l^2}{2s^3-sh^2}\right] +$$

$$s\left[\frac{-5l\gamma h(41\sqrt{3}+64)}{40s^2+3h^2} - \frac{2\gamma lh^2}{2s^3-sh^2} + \frac{2\gamma l^2}{3sh}\right] \qquad (4-44)$$

由 $s = (1+\sqrt{3})l$，对上式整理得上表面最大拉应力为

$$(\sigma_x)_{x=s,y=-\frac{h}{2}} = \frac{(1+\sqrt{3})^3l^3}{6}\left[\frac{-60l\gamma(41\sqrt{3}+64)}{40(1+\sqrt{3})^2l^2h+3h^3} - \right.$$

$$\left. \frac{8\gamma l}{2(1+\sqrt{3})^3l^2-(1+\sqrt{3})h^2}\right] +$$

$$(1+\sqrt{3})l\left[\frac{-5l\gamma h(41\sqrt{3}+64)}{40(1+\sqrt{3})^2l^2+3h^2} - \right.$$

$$\frac{2\gamma h^2}{2(1+\sqrt{3})^3 l^2 - (1+\sqrt{3})h^2} + \frac{2\gamma l}{3(1+\sqrt{3})h}\Bigg] \qquad (4-45)$$

式中　γ——巨厚覆岩岩石容重；

　　　h——巨厚覆岩的高度；

　　　l——采空区开采宽度。

4.3.4　巨厚砾岩存在弱面情况下斑裂产生位置研究

若巨厚砾岩中存在弱面，设弱面的强度为 $\sigma_{弱}$，巨厚砾岩岩石的抗拉强度为 σ_0，巨厚砾岩地表任一点的拉应力值为 $(\sigma_x)_{y=h} = \dfrac{2\lambda hLx}{\pi(x^2+h^2)}$。

若集中应力在地表产生的拉应力小于任意一点岩石抗拉强度，而不小于弱面抗拉强度，即 $\sigma_{弱} \leqslant (\sigma_x)_{y=h} = \dfrac{2\lambda hLx}{\pi(x^2+h^2)^2} < \sigma_0$。则斑裂在弱面处产生。弱面的位置为

$$x = \frac{h}{\sqrt{\sqrt{\dfrac{2\gamma hL}{\pi\sigma_{弱}}} - 1}} \qquad (4-46)$$

若弱面位置较远，集中应力在地表产生的拉应力首先达到岩石最大抗拉强度，此种情况下，斑裂出现的位置应为集中力 F 地面投影与其前方 $\dfrac{h}{\sqrt{3}}$ 之间，即斑裂出现的位置应为集中力 F 地面投影与其前方 $\dfrac{h}{\sqrt{3}}$ 之间，更靠近前方 $\dfrac{h}{\sqrt{3}}$ 处。

4.3.5　华丰煤矿 1409 工作面地表斑裂位置验证

1409 工作面是华丰煤矿采用综采放顶煤开采技术的第一个工作面，如图 4-18 所示，位于华丰煤矿井田中东部，1409 工作面下平巷北距河西村 400 m，良父旧村 350 m，鲁里桥800 m。1409 工作面走向长 2100 m，倾斜宽 150 m，平均采深 795 m。开

采石炭二叠系4煤层，煤厚6.4 m，煤层倾角30°。4煤层上覆岩层主要由中砂岩、泥岩、沙质黏土层、砾岩和第四系表土层组成，其中古近系砾岩厚度大（400～800 m）硬度高（硬度系数 f 值在6以上）、完整性好（岩体完整系数为0.89），而表土层比较薄（0～8 m）。直接顶为2.2 m的粉砂岩，基本顶为20 m的中粒砂岩；底板为2.0 m的粉砂岩，基本顶为粉砂岩、细砂岩互层。

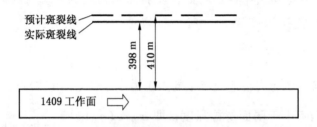

图 4-18　1409 工作面预计斑裂位置图

为了验证斑裂所在位置与工作面长度及其空间关系，结合1409工作面参数，计算如下：取 h 为605 m，拉伸强度为 $\sigma_{0A} = 4$ MPa，重力密度 $\gamma = 20$ kN/m³，代入式（4-45），解得：$l = 127$ m。即在工作面开采宽度为127 m时，砾岩上部拉应力达到极限，开始出现张裂破坏。

当 $L = 127$ m，由 $s = (1 + \sqrt{3})l$ 得 $s = 347$ m，即在距工作面下平巷水平距离347 m的地表将出现斑裂。根据1409工作面实际面长150 m计算，当 $L = 150$ m时，斑裂线位置为距工作面下平巷水平距离410 m处；而地表实测得知，实际斑裂线距工作面下平巷平均值为398 m，与理论值410 m基本相符。该判据给出了工作面开采宽度与地表产生斑裂的对应关系，为预测地表斑裂与冲击地压的对应关系提供了参考依据。

4.4 巨厚砾岩地表斑裂产生规律的数值模拟研究

华丰矿区覆岩主要特点是其古近系巨厚砾岩层厚度达400～800 m，利用解析解求其受力状态都有局限性，但利用数值模拟软件是一个简便可行的方法，故本节采用数值软件对巨厚砾岩破坏规律进行分析，并与斑裂产生位置进行了预测。

为掌握巨厚砾岩的破坏规律，预测地表斑裂产生位置，利用数值模拟软件 FLAC3D 进行了研究，建立了巨厚砾岩完整及存在弱面两种状态下的数值模型，并设计了以下方案：①巨厚砾岩完整情况下；②巨厚砾岩中含有弱面，弱面与工作面推采的起点距离分别为300 m，500 m，550 m 时的模拟方案，考虑到巨厚砾岩受力的对称性，本次取模型的一半进行研究。

4.4.1 巨厚砾岩完整情况地表斑裂产生数值模拟

为研究巨厚砾岩完整下覆岩运动规律及斑裂产生位置，以华丰煤矿1409工作面为地质背景，1409工作面上覆岩层中的厚硬岩层平均厚度近700 m。煤层倾角0°～8°，为建立模型时网格较精确，模型中的煤层及岩层未水平方向，设计的模拟模型，如图4－19所示。

模型的几何尺寸高×宽×长＝725 m×10 m×700 m，自上而下分为6部分：巨厚砾岩、红层、砂质泥岩、煤层、细砂岩、中细砂岩。模型共划分13420个六面体单元。

对模型的前后左右四个面法向位移进行约束，并对底面约束了法向和水平位移。为在巨厚砾岩与红层出现离层，在两层间设置了接触面。

据室内试验研究，巨厚砾岩及其下伏岩层强度较好适合莫尔－库仑准则，因此采用 FLAC3D 中自带的莫尔－库仑弹塑性

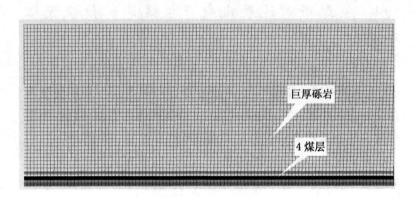

图 4 - 19　数值计算模型网格图

材料物理模型进行数值模拟。煤层的力学参数是根据本次试验研究得出的相应岩体参数，其他各岩层的力学参数参考相邻矿井情况确定。各岩层力学参数见表 4 - 6。

表 4 - 6　煤层及顶底板岩层的参数

岩层名称	厚度/ m	内聚力/ MPa	抗拉强度/ MPa	内摩擦角/ (°)	剪切模量/ 10^9 Pa	体积模量/ 10^9 Pa
砾岩	80	6.5	4.5	52	35.4	47.4
中砂岩	3.8	3.0	4.2	43	19.4	24.1
粉砂岩	4.6	2.1	2.4	47	18.7	26.1
细砂岩	20	2.5	3.0	20	8.1	9.6
粉砂岩	2.6	2.0	3.5	25	7.4	9.4
4 煤层	6.4	1.0	2.3	40	3.6	4.8
中砂岩	20	3.2	3.0	25	12.1	14.3

1. 巨厚砾岩下离层发育规律

华丰矿区古近系巨厚砾岩厚度大（400～800 m）、硬度高（硬度系数 f 值在 6 以上）、完整性好（岩体完整系数为 0.89），砾岩下方各岩层强度低，厚度小，岩性差别较大，离层发育规律呈现新的特点，本次获取了砾岩下部与红层上部节点竖直方向的位移，得到不同工作面宽度离层量沿水平方向变化曲线，通过分析变化曲线，得出随着工作面宽度的增加，离层范围逐渐扩大，但离层的最大高度基本相当，且中间部分的离层量维持在一定高度内。不同工作面宽度离层量曲线图如图 4-20 所示。

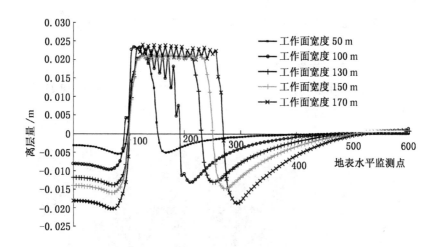

图 4-20 不同工作面宽度下离层量曲线图

2. 巨厚砾岩工作面垂直应力分布

因工作面开采，应力向工作面两端头转移，在两端形成高应力区，当工作面开采到 80 m 时，最高应力达 27.1 MPa，应力集中系数 3.12，图 4 – 21 为工作面围岩竖直应力分布图。

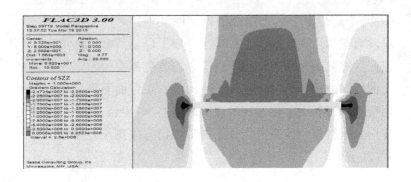

图 4 – 21　工作面宽度为 80 m 时工作面围岩竖直应力分布云图

3. 巨厚砾岩破坏规律

随着工作面宽度的增加，巨厚砾岩的塑性区发展规律如图 4 – 22 至图 4 – 25 所示（取模型的一半进行研究）。

图 4 – 22　工作面开挖 20 m 时巨厚砾岩塑性状态云图

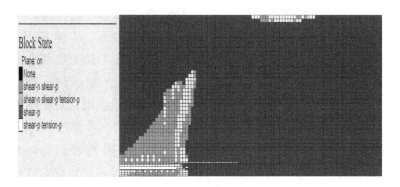

图 4 – 23　工作面开挖 65 m 时巨厚砾岩塑性状态云图

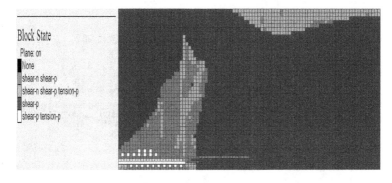

图 4 – 24　工作面开挖 75 m 时巨厚砾岩塑性状态云图

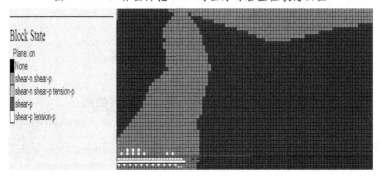

图 4 – 25　工作面开挖 85 m 时巨厚砾岩塑性状态云图

由图 4 – 22 至图 4 – 25 可以看出,当工作面的宽度为 20 m 时,在巨厚砾岩的下部及工作面两帮出现塑性区,工作面的宽度达到 65 m 时,塑性区范围进一步增大,在工作面的超前方向位于地表处出现了塑性区。而工作面宽度为 85 m 时,塑性区贯穿到地表;由地表水平位移检测曲线可以看出,对于全模型,当工作面宽度为 170 m 时,在监测点 365 m,即在工作面下平巷 280 m 处出现了较大的位移跳跃,此处出现了拉伸破坏,在地表出现了斑裂现象。图 4 – 26 为地表各监测点水平位移曲线图。

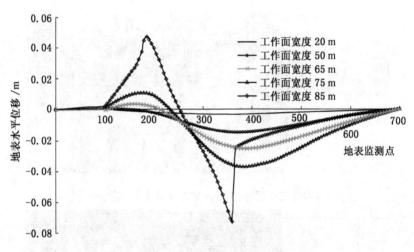

图 4 – 26　地表各监测点水平位移曲线图

4.4.2　巨厚砾岩含有弱面斑裂产生规律数值模拟

由完整情况下巨厚砾岩斑裂产生规律可知,斑裂产生的位置距工作面开采起始位置为 280 m。为了解弱面对斑裂产生规律的影响,本次设计了三种方案:①弱面距工作面下平巷位置小于 280 m,即与工作面开采起始距离为 300 m 时覆岩破坏规律；②弱面与工作面开采起始为 500 m；③弱面与工作面开采起始距离为 550 m。

首先对弱面与工作面开采起始距离为 300 m 时覆岩运动规律进行模拟，为减少节点数，减少运算时间，本次取巨厚砾岩体一半进行研究。

1. 弱面与工作面开采起始位置为 300 m 时斑裂产生规律

模型的几何尺寸高×宽×长 = 525 m × 10 m × 500 m，自上而下分为 6 部分：巨厚砾岩、红层、砂质泥岩、煤层、细砂岩、中细砂岩。模型共划分 9420 个六面体单元，计算模型图如图 4 - 27 所示。

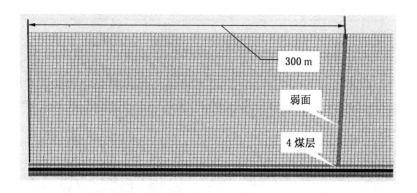

图 4 - 27 数值计算模型网格图

对模型的前后左右四个面法向位移进行约束，并对底面约束了法向和水平位移。为在巨厚砾岩与红层出现离层，在两层间设置了接触面。在巨厚砾岩中间设置了薄弱体。各岩层参数见表 4 - 7。

表 4-7　煤层及顶、底板岩层的参数

岩层名称	厚度/m	内聚力/MPa	抗拉强度/MPa	内摩擦角/(°)	剪切模量/10^9 Pa	体积模量/10^9 Pa
砾岩	80	6.5	4.5	52	35.4	47.4
弱面	5	0.32	0.2	32	13	9
中砂岩	3.8	3.0	4.2	43	19.4	24.1
粉砂岩	4.6	2.1	2.4	47	18.7	26.1
泥岩	5.2	1.2	2.4	40	4.2	5.3
细砂岩	20	2.5	3.0	20	8.1	9.6
粉砂岩	2.6	2.0	3.5	25	7.4	9.4
4 煤层	6.4	1.0	2.3	40	3.6	4.8
中砂岩	20	3.2	3.0	25	12.1	14.3

　　随着工作面宽度的增加，存在弱面的巨厚砾岩塑性区发展规律如图 4-28、图 4-29、图 4-30 所示（取模型的一半进行研究）。

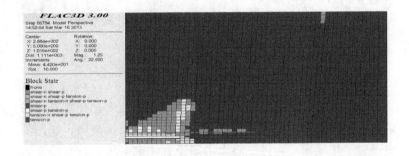

图 4-28　工作面宽度为 20 m 时巨厚砾岩塑性状态云图

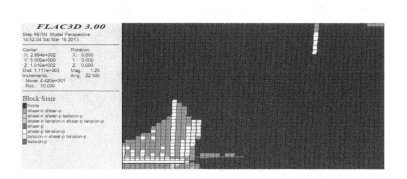

图 4 - 29　工作面宽度为 40 m 时巨厚砾岩塑性状态云图

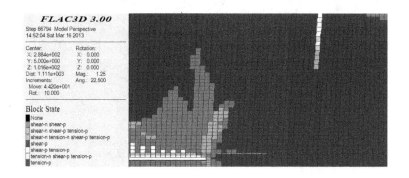

图 4 - 30　工作面宽度为 65 m 时巨厚砾岩塑性状态云图

综上所述，当巨厚砾岩完整时，工作面宽度为 65 m 时，塑性区在地表开始显现；而巨厚砾岩中含有弱面时，当工作面宽度为 20 m，塑性区就在地表弱面处开始发展。由于弱面的作用，塑性区不再向超前方向发展，而是一直向弱面深部发展。图 4 - 31 为随着工作面宽度增加，地表各节点水平位移曲线图，从图中看出当工作面宽度为 20 m 时，即出现了拉伸变形，而工作面宽度为 40 m 时，在弱面处水平位移出现跳动，随着工作面宽度的增加，落差持续增大，而弱面右侧的水平位移基本保持不变，即弱面阻隔了对工作面右侧的影响。结合塑性云图及曲线图可知，对于全模型，当工作面宽度为 120 m 时，位于监测点 300 m 处，水平位移出现了较大落差，此时地表发生了断裂破坏。

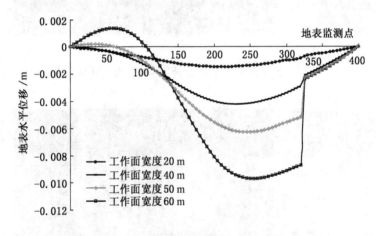

图 4 - 31　地表各监测点水平位移曲线图

2. 弱面与工作面开采起始距离为 500 m 时斑裂产生规律

模型的几何尺寸高 × 宽 × 长 = 525 m × 10 m × 700 m，模型共划分 13430 个六面体单元。煤层、弱面、各岩层参数见表 4 - 7，计算模型网格图如图 4 - 32 所示。

随着工作面宽度的增加，弱面与工作面开采起始距离为 500 m 时塑性区发展规律如图 4 - 33 至图 4 - 36 所示（取模型的一半进行研究）。

由塑性演化图可看出，当工作面宽度为 20 m 时，在弱面处出现了塑性区，随着工作面开采范围的扩大，塑性区逐渐向

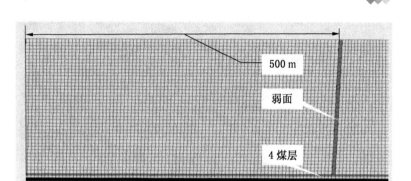

图 4 - 32 三维数值计算模型网格图

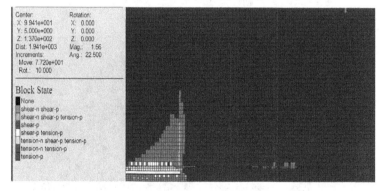

图 4 - 33 工作面宽度为 20 m 时巨厚砾岩塑性状态云图

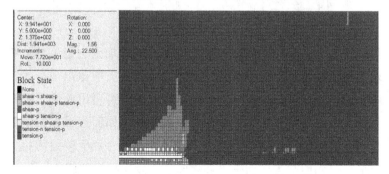

图 4 - 34 工作面宽度为 40 m 时巨厚砾岩塑性状态云图

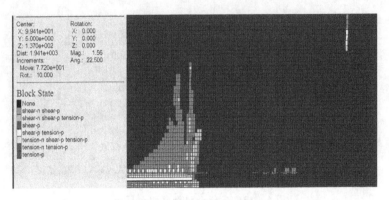

图 4 - 35　工作面宽度为 55 m 时巨厚砾岩塑性状态云图

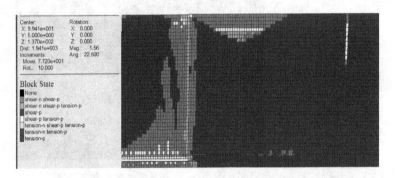

图 4 - 36　工作面宽度为 95 m 时巨厚砾岩塑性状态云图

深部发展,由曲线图可知,当工作面宽度增加到一定范围,在弱面处水平位移出现了跳跃,同时地面超前方向也出现了大范围的塑性区,由图 4 - 37 地表水平位移曲线可看出此处水平位移较大。综上可知,对于全模型,弱面距工作面开采起始距离为 500 m 时,当工作面宽度为 190 m,弱面处发生较大的拉伸变形,但弱面与工作面下平巷之间也会发生拉伸破坏。

3. 弱面与工作面开采起始距离为 550 m 时斑裂产生规律

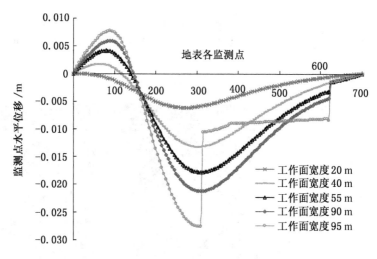

图 4-37 地表各监测点水平位移曲线图

模型的几何尺寸高×宽×长 = 525 m×10 m×800 m，自上而下分为六部分：巨厚砾岩、红层、砂质泥岩、煤层、细砂岩、中细砂岩。模型共划分 14430 个六面体单元，数值模型如图 4-38 所示。

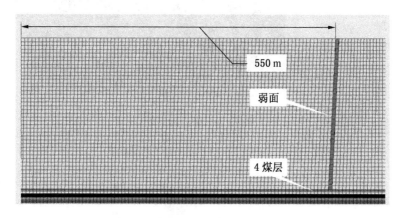

图 4-38 三维数值计算模型网格图

随着工作面宽度的增加，弱面与工作面开采起始距离为550 m 时，塑性区发展规律如图 4 – 39 至图 4 – 42 所示（取模型的一半进行研究）。

图 4 – 39　工作面宽度为 20 m 时巨厚砾岩塑性状态云图

图 4 – 40　工作面宽度为 40 m 时巨厚砾岩塑性状态云图

弱面与工作面开采起始距离为 550 m 时，巨厚砾岩的破坏过程与其完整时相似。当工作面的宽度为 20 m 时，在巨厚砾岩的下部及工作面端头出现塑性区。工作面的宽度增加到 65 m

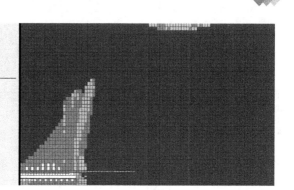

图 4 - 41　工作面宽度为 65 m 时巨厚砾岩塑性状态云图

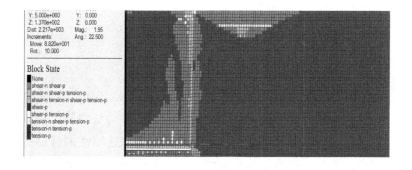

图 4 - 42　工作面宽度为 90 m 时巨厚砾岩塑性状态云图

时，塑性区范围进一步增大，在地表超前方向出现塑性区，但弱面处未见塑性区，直到塑性区贯穿到地表，在弱面与工作面下平巷之间发生断裂，弱面处塑性区一直未显现。由图 4 - 43 地表水平位移图也可看出，在弱面处地表位移曲线为连续、光滑的，未出现跳跃。综上所述，弱面与工作面下平巷超前方向 550 m 时，弱面处不会出现拉伸破坏。另外，弱面及巨厚砾岩的相对强度对弱面与地表斑裂破坏的对应关系也有很大关系。

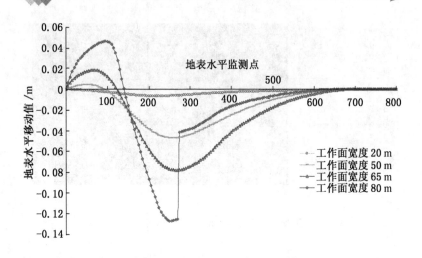

图 4-43 地表各监测点水平位移曲线图

4.5 本章小结

（1）根据华丰煤矿北区设立的 4 个地表移动观测站所测数据，华丰煤矿煤层开采地表移动的表现特征除连续性的移动变形特征以外，还有明显的非连续变形—斑裂现象。本章阐述了斑裂的特征、影响因素及危害，分析了斑裂产生的机理：地表斑裂产生的主要原因是煤层开采后覆岩应力状态的改变而产生的，大多是在拉应力作用下存在原生薄弱带的砾岩张性断裂所致，多是沿煤层走向方向发育产生。

（2）根据华丰煤矿地表移动观测积累的数据，分析了采后地表移动变形情况对桥梁的影响，并对煤层开采后对桥梁的影响程度进行了预计。由于桥梁自身的特点，使得地表变形尤其是斑裂的出现对桥梁的影响具有其本身的规律，并且呈现一定的特点。根据受采动影响地基的变化情况，分析了采动桥梁混凝土板的破坏条件以及桥梁开裂与拉伸刚化作用，为控制桥梁变形技术的提出提供理论基础，对工作面开采后的地表变形进行了预计，分析了地面斑裂的发展趋势。

（3）以华丰煤矿为工程背景建立了厚硬覆岩承载力学模型，确定了开采宽度与地表最大拉应力位置关系，给出了厚硬覆岩地表斑裂产生判据，该判据得出了地表产生斑裂时的工作面开采宽度，并得到了斑裂线与工作面相对位置关系，为预测采场应力峰值和地表斑裂线位置提供了根据。经验证斑裂所在位置与工作面长度及其空间关系，预计斑裂线出现的位置距工作面下平巷的距离与实测实际斑裂线距工作面下平巷距离的平均值基本相符。

（4）利用数值模拟软件对巨厚砾岩条件下地表斑裂产生规律进行了研究，建立了巨厚砾岩完整及存在弱面两种状态下的数值模型，并设计了不同方案。通过分析巨厚砾岩下离层变化曲线，得出随着工作面的推进，离层范围逐渐扩大，但离层的最大高度基本相当，且中间部分的离层量维持在一定高度内。当巨厚砾岩完整时，工作面宽度为 170 m 时，在距工作面下平巷 280 m 处出现了拉伸破坏，即在地表表现为斑裂现象；若巨厚砾岩中含有弱面，当弱面与工作面开采起始距离小于 500 m 时，弱面处都会发生拉伸变形，甚至破坏，但弱面与工作面起始点距离大于 550 m，开采对弱面无采动影响。

5 深井巨厚砾岩冲击地压发生机理

随着我国煤矿开采深度的不断增加以及开采条件越来越复杂，我国发生的冲击地压现象越来越多，危害也越来越大。

冲击地压是世界范围内煤矿开采中最严重的自然灾害之一[126-133]，它以突然、急剧、猛烈的形式释放煤岩体变形能，抛出煤岩体，造成支架损坏、片帮冒顶、巷道堵塞、人员伤亡，并产生巨大的响声和岩体震动。岩体震动时间从几秒到几十秒，抛出的煤岩体从几吨到几千吨。

尽管国内外学者在冲击地压发生机理、监测手段及控制等方面的研究取得了重要进展，但由于冲击地压发生的原因极为复杂，影响因素颇多，到目前为止，还没有从根本上解决预测和防治冲击地压的有效途径。

5.1 冲击地压的影响因素

冲击地压发生的原因是多方面的，但总的来说可以从以下四个方面分析：煤岩力学性质、地质力学环境、开采深度及采矿技术条件等。

5.1.1 煤系地层的岩石力学性质

煤岩结构及其性能是影响冲击地压的主要因素。坚硬、厚层与整体性强的顶板（基本顶），易发生冲击地压；直接顶厚度适中而且与基本顶组合性好，冲击危险较大；如果煤层的强度高、弹性模量大、含水量低、变质程度高、暗煤比例大，一般冲击倾向性较强。

从力学性质上来看，脆性岩石（在外力作用下破坏前后总应变小于3%的岩石，包括煤岩）发生冲击地压的可能性更大些。岩石的脆性破坏的特点是破坏前的变形量很小，当继续加载时岩石突然破坏，岩石碎块强烈弹出。当工作面推进时，其力学平衡被破坏，岩体内部的高应力瞬间释放为理论零值，煤岩体发生脆性破坏，积聚的弹性能突然释放，从而产生冲击地压现象。

同时，冲击地压的发生与煤岩层结构有密切的关系[134]。我国在开采中厚以下煤层过程中发生冲击地压的煤岩层结构特点表现为以下两个方面：①"三硬"结构，即硬顶—硬底—硬煤结构，这是煤岩体内贮存大量弹性变形能的前提条件，我国部分冲击地压矿井的地质条件就是如此，例如大同忻州窑煤矿、北京门头沟煤矿、枣庄陶庄煤矿、开滦唐山煤矿等；②硬顶—薄软层—硬煤层结构，即在煤层与顶板岩层之间存在薄软层结构，并且冲击地压多在煤层结构变化、煤岩层具有一定倾角的条件下发生。

研究表明，之所以顶板岩层结构特别是煤层上方坚硬厚层顶板是影响冲击地压发生的主要因素之一，是因为坚硬厚层顶板容易聚积大量的弹性能。坚硬顶板断裂或滑移失稳过程中，煤岩体中储存的大量弹性能突然释放，形成强烈震动，导致冲击地压的发生。高位巨厚覆岩的突然破断实质上属于关键层大面积来压现象形成的矿震，矿震有可能诱发冲击地压、煤与瓦斯突出等矿井动压现象。这些煤岩体结构形式及各级关键层的逐级破断，将造成工作面顶板及两侧巷道煤壁应力的叠加连锁反应，形成矿震的动力源。当然并不是所有矿震都能诱发冲击地压，在断裂过程中岩层破断释放的能量大部分以热能的形式释放，地震效率（地震能量与破断过程所释放的总能量之比）一般为 0.26% ~3.6%。另外，震动能量衰减指数随介质的变化而不同，所以高位覆岩破断形成的矿震能否诱发冲击地压，还与岩层破断发展规律、震源与工作面之间的距离、岩层内部的弱面分布、煤岩性质等有关系。

随着开采深度的增加，即使是在非坚硬顶板条件下，当开采强度较大时，发生冲击地压的危险性也将显著增大，这是因为开采深度较大导致应力水平相对较高，发生冲击地压的应力条件较浅部开采时更容易满足。即使顶板为非坚硬顶板，但由于煤层本身所具有的冲击倾向性等因素，也使煤层具备了发生冲击地压的潜在危险[135]。

生产实践与试验研究均表明：①在一定的围岩与压力条件下，任何煤层中的巷道或采场都可能发生冲击地压；②煤的强度越小，引发冲击地压需要比硬煤高得多的应力，若煤的强度越高，引发冲击地压所要求的应力就越小；③煤的冲击倾向性是评价煤层冲击性的特征参数之一[136,137]。

对煤的冲击倾向性评价，目前主要采用煤的冲击能量指数 K_E、弹性能量指数 W_{ET} 和动态破坏时间 Dt。

1. 冲击能量指数 K_E

冲击能量指数 K_E 指在单轴压缩状态下，煤样全"应力—应变"曲线峰值 C 前所积聚的变形能 E_s 与峰值后所消耗的变形能 E_x 的比值。它包含了试件"应力—应变"全部变化过程的曲线，直观、全面地反映了蓄能和耗能的全过程，显示了冲击倾向的物理本质。冲击能量指数 K_E 的计算如图 5 - 1 所示[136]。

2. 弹性能量指数 W_{ET}

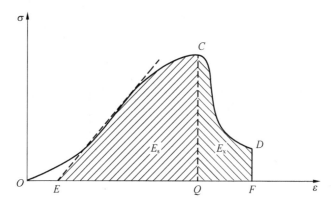

图 5 - 1   冲击能量指数 K_E 计算图

为了研究煤层的弹性能量指数,对煤岩试件进行加载、卸载实验。根据煤炭行业的标准,以 0.15 kN/s 即 0.076 MPa/s 的速度加载到同采样点试件平均单轴抗压强度的 75% ~ 85% 后,再以相同速度卸载,卸载到单轴抗压强度的 1% ~ 5%,然后重新以 0.0067 mm/s 的位移控制速度对试件进行加载直到试件破坏。在获得各试件的加卸载应力应变曲线后,以此进行煤的弹性能量指数计算。试验测得煤岩典型加卸载应力应变曲线,如图 5 - 2 所示,由此可以计算煤样的弹性能量指数。

弹性能指数 W_{ET} 为煤样在单轴压缩条件下破坏前所积蓄的变形能与产生塑性变形所消耗的能量之比值。即

$$W_{ET} = \frac{\Phi_{sp}}{\Phi_{st}} \tag{5-1}$$

式中 Φ_{sp}——弹性应变能,其值是卸载曲线下的面积;

Φ_{st}——塑性应变能,其值是加载和卸载曲线所包围的面积。

显然,积蓄的能量越多而同时消耗的能量越少,则发生冲

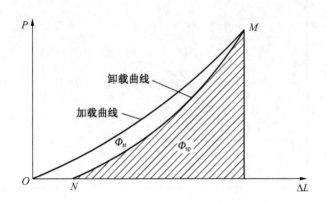

图 5 - 2　弹性能指数 W_{ET} 计算图

击地压的可能性越大，反映了煤岩的冲击倾向性。

3. 动态破坏时间 D_t

煤样在常规单轴压缩试验条件下，从极限载荷到完全破坏所经历的时间称作动态破坏时间 D_t。动态破坏时间综合反映了能量变化的全过程，对冲击倾向性反应敏感，是一种实用性较强的指标。

用上述三项指标鉴定煤层的冲击倾向性，把煤层的冲击倾向性分为强烈冲击倾向性、弱冲击倾向性和无冲击倾向性三类。三项指标的界限值见表 5 - 1。

表 5 - 1　煤的冲击倾向鉴定指标值

指　　　标	强冲击性	弱冲击性	无冲击性
动态破坏时间 D_t/ms	≤50	50 ~ 500	>500
冲击能指数 K_E	≥5.0	5.0 ~ 1.5	<1.5
弹性能指数 W_{ET}	≥5.0	5.0 ~ 2.0	<2.0

5.1.2　地质力学环境

地层的动力运动形成了各种各样的地质构造，一些地质构造如断层、褶皱等对煤矿冲击地压的发生有较大的影响。

实践证明，冲击地压常发生在向斜轴部，特别是在构造变化区、断层附近、煤层倾角变化带、煤层褶皱、构造应力带。当巷道接近断层或向斜轴部时，冲击地压发生的次数明显上升，且强度加大。

而褶皱是岩层在水平应力挤压下形成的，这种褶皱大部分在沉积岩层中形成。一般情况下，对于巷道与采煤工作面来说，在褶皱的各个部位，出现的危险性是不同的。如图 5-3 所示，Ⅰ区为褶皱向斜部分，其应力状态铅直方向为压力，水平方向为拉力，最容易出现冒顶和冲击地压；Ⅱ区为褶皱翼，这部分的应力，铅直方向和水平方向均为压力，最易出现冲击地压；Ⅲ区为褶皱背斜，其应力状态铅直方向拉力，水平方向为压力，这部分也是最大矿山压力区域。

国内外的生产实践也证明了地质构造对冲击地压产生影响。通过分析研究冲击地压的显现规律，认为多数冲击地压是由于断裂破坏引起的，并发生在巷道内距断裂面 10~12 m 处；断裂破坏带附近最可能出现冲击地压的岩体宽度，决定于矿体边缘部分构造破坏影响带和支承压力带的宽度；断裂破坏带附近存在构造影响带，此处岩石和矿石的强度较低并具有塑性特性；在断裂破坏区周围应力较大，其最大值出现在由强度较小的弹性岩石向整体岩石转变的交界处，此处最可能出现冲击地压[138-148]。

冲击地压矿井的地应力实测结果也证实了构造应力的存在对冲击地压有影响。构造应力（主应力是水平矢量）对巷道稳定性也有影响，表现在巷道的破坏形式是沿轮廓线层层剥落，然后沿弱面断裂破坏。由于巷道方向和应力作用方向的夹角不

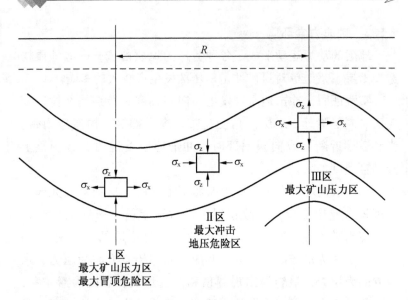

图5-3　褶皱部分的受力状态及危险性

同，巷道围岩内应力集中程度差异很大，正交时达高度集中，破坏区的深度也随构造应力作用条件的不同而有所不同。坚硬岩层中的巷道在深度不大（100～150 m）就发生脆性破坏，且破坏往往发生在顶板或顶角处。破坏形式是裂隙逐渐扩展，沿裂隙剥落或塌落。在支承压力区出现逐渐的脆性破坏（围岩脱皮剥落）或瞬时的脆性破坏（出现声响、抛射或岩爆）。

5.1.3　开采深度

随着开采深度的增加，煤层中的自重应力随之增加，煤岩体中聚积的弹性能也随之增加[149,150]。为了便于分析开采深度的影响，只考虑围岩系统中煤层内所聚积的弹性能。

理论上讲，煤层在采深为 H 且无采动影响的三向应力状态下，其应力为

$$\sigma_1 = \gamma H \tag{5-2}$$

$$\sigma_2 = \sigma_3 = \frac{\mu}{1 - \mu}\gamma H \qquad (5-3)$$

则煤体中的体积变形聚积的弹性能为

$$U_V = \frac{(1 - 2\mu)(1 + \mu)^2}{6E(1 - \mu)^2}\gamma^2 H^2 \qquad (5-4)$$

形状变形而聚积的弹性能为

$$U_f = \frac{(1 + \mu)(1 - 2\mu)^2}{3E(1 + \mu)^2}\gamma^2 H^2 \qquad (5-5)$$

若煤层中的形变能全部用于煤体的塑性变形,体变能全部用于破坏煤和使其运动,则

$$U_V = \frac{c}{6E}\gamma^2 H^2 \qquad (5-6)$$

$$c = \frac{(1 - 2\mu)(1 + \mu)^2}{(1 - \mu)^2} \qquad (5-7)$$

设煤的单向抗压强度为 R_c,则破碎单位体积煤块所需的能量 U_1 为

$$U_1 = \frac{R_c^2}{2E} \qquad (5-8)$$

假设巷道周边煤体处于双向受力状态,则所需能量比 U_1 要大,现用一系数 K_0($K_0 > 1$)来表示,则破碎单位体积煤块的能量 U_2 为

$$U_2 = K_0 \frac{R_c^2}{2E} \qquad (5-9)$$

若 $U_V \geqslant U_2$ 就可能发生冲击地压,这样就可求得发生冲击地压的初始采深 H 为

$$H \geqslant 1.73 \frac{R_c}{\gamma}\sqrt{\frac{K_0}{c}} \qquad (5-10)$$

开采深度越大,煤岩体应力越高,高应力所导致的矿压显

现和冲击地压等现象就越严重。通过实测，采深与冲击地压的关系如图5-4所示。一定开采技术条件下，一般在达到某一开采深度后才开始发生冲击地压，此深度称为冲击地压临界深度。我国部分矿井发生冲击地压的始发深度和国外几个主要采煤国家的冲击地压始发深度见表5-2。通过表中数据可知，冲击地压的始发深度一般为200~400 m，少数矿井达到了500~600 m及以上[134]，其中华丰煤矿冲击地压始发深度为570 m。

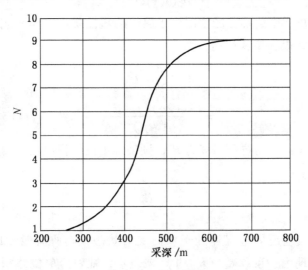

N—冲击地压发生次数

图5-4　采深与冲击地压的关系

表5-2　冲击地压始发深度统计表

我国部分矿井冲击地压始发深度				国外部分冲击地压始发深度	
矿井名称	始发深度 H_0/m	矿井名称	始发深度 H_0/m	国家名称	始发深度 H_0/m
天池煤矿	240	龙凤煤矿	340	南非	300
门头沟煤矿	200	唐山煤矿	540	加拿大	180

表 5 - 2（续）

我国部分矿井冲击地压始发深度				国外部分冲击地压始发深度	
矿井名称	始发深度 H_0/m	矿井名称	始发深度 H_0/m	国家名称	始发深度 H_0/m
城子煤矿	370	砚石台煤矿	235	苏联	200
房山煤矿	520	忻州窑煤矿	240	波兰	240
胜利煤矿	250	台吉煤矿	550	德国	300
陶庄煤矿	480	华丰煤矿	570	英国	600

通过上面的分析可知，总的趋势是随采深增加，冲击危险性增加，冲击地压发生的可能性也越大，主要原因是随采深增加，原岩应力增大。实际矿井冲击地压发生的临界深度因煤层性质和地质条件的不同而有所区别。影响冲击地压临界深度的因素很多，主要有煤层地质构造、构造应力场、顶底板岩层性质与结构、煤体强度、煤层的冲击倾向性、煤层的自然含水率及开采技术条件等。

5.1.4　采矿技术条件

采矿技术条件对冲击地压的影响，主要包括以下两个方面[134]：

① 人为造成高应力集中区，为冲击地压的发生提供力源条件；

② 人工作业造成应力状态的突变和煤层约束条件的改变。

1. 开采设计和采煤方法

多煤层开采时，任何造成应力集中的因素，如开采程序不合理、留设煤柱、相邻两煤层开采错距不合适等，均对冲击地压的防治有不利影响。从防治冲击地压的角度来说，壁式开采优于柱式开采，旱采优于水采，直线工作面优于曲线工作面。

选择合理的开采顺序也是至关重要的。有利于安全开拓、准备和回采工作的所有环节的设计，都应当避免在采场和巷道附近形成危险的应力集中带。设计工作对控制冲击地压危险方面起到基本的作用，设计的好坏将直接影响整个开采过程。特别对有冲击危险煤层的进行开采设计时，应当合理配置未来的开采煤层，以便把因相邻煤层的开采所增加的冲击危险限制到最小。开采顺序对矿山压力的大小和分布有很大影响，巷道或采煤工作面的相向推进，工作面向采空区或断层带推进，临层工作面间错距不够，与采空区邻接的工作面上隅角部分，受邻层开采边界影响的区域等不合理的布置和开采顺序都容易使应力叠加，从而引发冲击地压。

厚硬基本顶破断引起的危害性很大，而冲击地压煤层的顶板大多是又厚又硬、不易冒落的。对煤层来说，顶板不仅是给煤层施加载荷的一部分，而且还是传递上部岩层重量的介质。悬垂在煤层边缘上或煤柱上的厚硬顶板能够造成应力集中，这种由悬垂顶板形成的应力集中是一个十分复杂的过程，附加载荷的分布方向都是变化的，因此煤体或煤柱处在可变载荷和复杂应力状态条件下，在顶板发生变化过程中特别是初次来压期间，载荷迅速增加，就可能引起冲击地压。因为过载区处在各向压缩状态下，一旦失去各向压缩条件就可能发生突然破坏，特别是悬垂顶板的弹性振荡和弯曲作用，使煤层边缘或煤柱产生危险的应力变化。所以说，坚硬顶板的管理方法也是影响冲击地压的重要因素，在生产实际中，采取各种冒落方法，例如采取爆破断顶、注水软化等使顶板冒落的措施，以起到减缓冲击地压的作用。

国内外大量实践表明，冲击地压的发生往往伴随着井下生产过程的某些工序，如爆破、冒顶、采煤等，这些因素称为诱导因素。诱导因素本身的能量可能很小，但是其诱发冲击地压而释放的能量和破坏性很大。因而，诱导因素也是引发冲击地压的一个不可忽视的因素。

2. 上覆煤层工作面终采线和煤柱的影响

上覆煤层工作面的终采线和煤柱形成的应力集中对下部煤层造成了很大的威胁，使冲击地压的危险性大大增加。

煤柱是产生应力集中的地点，孤岛形和半岛形煤柱可能受几个方向集中应力的叠加作用影响，因而在煤柱附近最易发生冲击地压。煤柱上的集中应力不仅对本煤层开采有影响，还向下方传递，使下部煤层形成产生冲击地压条件。煤柱对冲击地压的影响因素是多方面的，诸如煤柱尺寸大小、煤柱与邻层之间岩层性质、倾角、煤柱边缘影响角、回采区段与煤柱的相对位置等。

开采煤柱容易引起冲击地压，特别是回收煤柱的工作面接近采空区时。据以往的经验，煤柱剩余宽度约为其高度的10倍时最危险。由回采煤柱引起的冲击地压事故数目是惊人的。据统计，门头沟煤矿由于回收煤柱引起的冲击地压次数约占总数的68%，陶庄煤矿占33.3%，抚顺龙凤煤矿等矿井发生的冲击地压有相当一部分是在煤柱中发生的。

3. 采空区的影响

当工作面接近已有的采空区，其距离为 20～30 m 时，冲击地压危险性随之增加。如果工作面旁边有上区段的采空区，该采空区也使冲击地压的危险性增加，危险的最大位置在距煤柱 10 m 左右。当采煤工作面接近废弃巷道约 15 m 时，产生冲击地压的危险性最大。

4. 开采区域的影响

在煤层开采面积增大的情况下，岩体的震动能量也会随之增加。研究表明，当开采面积为 $3 \times 10^4 \ \text{m}^2$ 时，释放的单位面积的震动能量为最大。

5.2 冲击地压的特征及其分类

5.2.1 冲击地压的特征

冲击地压现象是矿山压力显现的一种特殊形式，是矿山采动（采掘工作）诱发高强度的煤（岩）变形能瞬时释放，在相应采动空间内引起强烈围岩震动和挤出的现象。冲击地压现象引起人员伤亡和设备损坏，不仅发生在采掘工作面现场，而且还易发生在巷道、硐室，特别是高应力集中的空间部位。

冲击地压的显现特征有：突发性、瞬时震动性及破坏性[151]。

我国煤矿冲击地压的突出特点是多类型、条件复杂、随采深增加发展趋势严重等。对国内外大量冲击地压案例进行分析表明，冲击地压发生的地点及主要特征为[151]：

（1）发生冲击地压的煤层顶板一般具有坚硬的岩层，该岩层聚集了高强度的变形能，是冲击地压发生的主要驱动能量。

（2）冲击地压的发生与地质构造有密切关系，往往发生在褶皱、断层及煤层变异性突出的部位，主要受构造应力的控制。

（3）发生在工作面的冲击地压，一般表现为大面积冲击现象，冲击形成的煤体运动和冲击波将支护体推倒。

（4）发生在超前巷道的冲击地压，以巷道两帮煤体抛出为主要特征，将巷道堵塞，甚至完全充实巷道空间。

（5）在留有底煤的采场，冲击地压发生时，以煤岩压入采场空间和底鼓为主要显现特征。

5.2.2 冲击地压的分类

冲击地压是一种复杂的矿山动力现象[152]，其形成的力学环境、发生地点、宏观和微观上的显现形态多种多样，冲击破坏强度和造成的破坏程度也各不相同。冲击地压存在不同的种类，不能用同一机理去解释不同冲击地压的成因和现象，更不能用单一方法或措施去预防冲击地压，目前主要有以下几种分类方法。

1. 根据冲击地压的能量特征按冲击时释放的地震能大小分类

根据冲击地压的能量特征按冲击时释放的地震能大小分类，见表5-3。

表5-3 按冲击时释放的地震能大小分类

冲击地压级别	地震能/J	震中的地震中裂度（级）
微冲击（射落、微震）	<10	<1
弱冲击	$10 \sim 10^2$	$1 \sim 2$
中等冲击	$10^2 \sim 10^4$	$2 \sim 3.5$
强烈冲击	$10^4 \sim 10^7$	$3.5 \sim 5$
灾害性冲击	$>10^7$	>5

（1）微冲击。表现为小范围的岩石抛出和矿体震动，包括微震和射落。微震是母体深部不产生粉碎和局部破坏，常伴有声响和岩体微震动。射落是表面的局部破坏，表现为单个煤（岩）块弹出，并伴有射击的声响。

（2）弱冲击。表现为少量煤（岩）体抛出的局部破坏，常伴有明显的声响和地震效应，但不造成严重的破坏。

（3）中等冲击。急剧的脆性破坏，抛出大量的煤（岩）体，形成气浪，造成几米长的巷道支架损坏、顶板垮落、机电设备推移或损坏。

（4）强烈冲击。使长达几十米的巷道支架破坏、顶板垮落，成套机电设备损坏，需要做大量的修复工作。

（5）灾害性冲击。使整个采区或一个水平内的巷道发生垮落。个别情况下涉及全矿，造成整个矿井报废。

2. 按参与冲击的煤岩体类别分类

（1）煤层冲击。煤层冲击产生于煤体—围岩力学系统中的冲击地压是煤矿冲击地压的主要显现形式。

（2）岩层冲击。岩层冲击是高强度脆性岩石瞬间释放弹性能，岩块从母体急剧、猛烈地抛出。对于煤体，岩层冲击是顶底板岩层内弹性能的突然释放，又称围岩冲击。按冲击位置又分顶板冲击和底板冲击。

3. 根据冲击力源分类

冲击地压可分为由采掘影响引起的采矿型冲击地压和由地质构造活动引起的构造型冲击地压。其中采矿型冲击地压可分为压力型、冲击型和冲击压力型：

（1）压力型。压力型冲击地压是由于巷道周围煤体中的压力由亚稳态增加至极限值，其聚积的能量突然释放。

（2）冲击型。冲击型冲击地压是由于煤层顶底板厚岩层突然破断或位移引发的，它与震动脉冲地点有关。在某种程度上，构造型冲击地压也可看作冲击型。

（3）冲击压力型。冲击压力型冲击地压则介于上述两者之间，即当煤层受到较大压力时，在来自围岩内不大的冲击脉冲作用下发生的冲击地压。

5.3 深井巨厚砾岩对冲击地压的影响

5.3.1 深井巨厚砾岩条件下冲击地压发生的影响因素

华丰煤矿开采水平已达 –1350 m 水平,目前已明显进入深部开采阶段,而且华丰煤矿是一个典型的受冲击地压严重威胁的矿井。

按照一般冲击地压矿井的发展规律[88],在开采面积加大,尤其是采深达到千米后,由于垂直压力和构造应力增加的影响,会使顶底板岩层和煤层的物理力学性质发生变化,增加冲击倾向性。矿井会随开采的延深使冲击地压的频度逐步增加,并会向高级别发展。经分析华丰煤矿冲击地压发生主要受以下几个因素的影响。

1. 煤岩层具有冲击倾向性

开采煤层为具有强烈冲击倾向的煤层,根据表 5 – 2 可知,华丰煤矿发生冲击地压的一般临界开采深度为 570 m,冲击地压引起的震级约为里氏 2.6 级。

4 煤层及其直接顶冲击倾向性鉴定结果见表 5 – 4。实验结果表明,华丰煤矿 4 煤层煤质较硬,单轴抗压强度为 21.8 MPa,具有强冲击倾向性;4 煤层直接顶抗压强度为 64.4 MPa,具有中等冲击倾向性。煤岩层的冲击倾向性为冲击地压的发生提供了必要的条件,决定了华丰煤矿 4 煤层开采时刻受冲击地压的威胁。

表5-4　4煤层及其直接顶冲击倾向鉴定结果

4 煤 层			直 接 顶	
动态破坏时间/ms	弹性能量指数	冲击能量指数	弯曲强度/MPa	弯曲能量指数
33.3	13.05	5.1	22.2	49.5
冲击倾向性分析	强冲击倾向		中等冲击倾向	

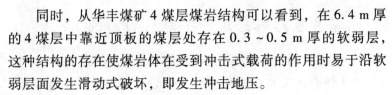

同时，从华丰煤矿 4 煤层煤岩结构可以看到，在 6.4 m 厚的 4 煤层中靠近顶板的煤层处存在 0.3～0.5 m 厚的软弱层，这种结构的存在使煤岩体在受到冲击式载荷的作用时易于沿软弱层面发生滑动式破坏，即发生冲击地压。

2. 矿井深部存在强烈构造应力场

地应力测量及数值反演分析表明，华丰煤矿地质条件下，深部煤岩层存在着较高的水平构造应力作用。研究认为，冲击地压的发生实质上就是煤岩层在较高的垂直应力作用下，水平应力突然加大使煤岩层发生摩擦滑动破坏，进而发生冲击地压。高水平构造应力的存在，使煤岩层间产生不稳定的黏滑，导致冲击地压的发生。因此，高水平构造应力为冲击地压的发生提供了力源条件。

3. 覆岩的特殊性

华丰煤矿井田煤系岩内存在着 400～800 m 的古近系巨厚砾岩层，完整性系数达 0.87，抗拉强度 2.74 MPa，整体性强，采后不易冒落下沉。按钱鸣高院士的关键层理论，砾岩层判别为主关键层。随着采空区面积的加大，在砾岩层与软弱红层之间形成离层空间，巨厚砾岩层形成板状悬空岩梁，原应力状态发生改变，增加了采空区周围煤系地层的应力水平。当板状砾岩层悬露面积达到一定程度后，开始缓慢下沉并发生周期性断裂垮落，砾岩层对下部岩体的突然加载，导致冲击地压的发生。

砾岩层的断裂垮落对下部的煤岩体产生强烈的冲击载荷，加剧了 4 煤层工作面煤体的应力集中程度，导致 4 煤层工作面冲击危险增强，因此工作面上方巨厚砾岩运动是 4 煤层工作面发生冲击地压的主要力源。

4. 开采深度大

目前，华丰煤矿的开采水平已达 – 1350 m，由于开采深度大，自重应力高，同时又有较高的水平应力，使煤体易于产生应力集中而破坏，从而导致煤层冲击地压的发生。

4 煤层、6 煤层煤柱的集中应力为煤柱附近发生冲击地压提供了必要条件，因此，华丰煤矿 4 煤层、6 煤层煤柱附近较易发生强度较大的冲击地压。在 6 煤层工作面留设的煤柱影响范围内，1409 工作面、1410 等工作面存在严重冲击地压危险区域，发生冲击地压事故的可能性增大。

5. 其他采矿技术因素

工作面采动集中应力以及顶板来压对冲击地压的发生有一定的影响。4 煤层工作面超前支承压力对工作面影响较为明显。据统计，4 煤层冲击地压多发生在顶板来压期间，且对工作面超前压力影响范围内破坏最为严重。

回采工作面开采强度、推采速度及爆破、割煤、移架等因素也是引发冲击地压的主要影响因素。由于煤层群开采，上部煤层已基本采空，巨大的采空面积加剧了未采煤体的集中应力，使下部煤层发生冲击地压的危险性增大。

5.3.2 冲击地压发生的能量关系

砾岩对上覆岩层的运动起到控制的作用。砾岩破断运动影响范围大，释放的能量多，断裂瞬间将产生剧烈的冲击能，此时会引起工作面周围强烈的矿压显现，极易发生冲击地压事故。

根据煤岩体能量原理[153 - 155]，认为单位体积的煤岩体内所能储存的弹性能量是一常量，如弹性能量超过这一常量，则煤岩体发生破坏。弹性应变能是在弹性应变情况下，由外力所做的功转变而来。煤层开采后，覆岩体内储存的弹性能量受其影响，诱导岩体内的能量向同一方向传递积聚，瞬间或逐渐形成定向能量势场，持续不断的能量沿着易于传递路径向采掘空间传递。在工程实际中，煤岩体在地质形成过程中就已经储存了大量的弹性应变能量，尤其是具有冲击倾向性的煤岩层；一旦受力条件发生改变，从而引发弹性能量的变化，进而导致冲击地压事故的发生，如厚硬顶板断裂来压引起煤层弹性应变能的急剧增加引发冲击地压。

如果冲击地压发生，采场周围煤岩体发生突然猛烈的破坏，则部分煤岩体要垮落、破碎，获得较高的动能，以较大的速度向巷道抛出。假设在冲击地压状态下，破碎煤岩体的初始速度为 v_0，该速度必须大于某一值，才会发生冲击。这时破碎煤岩体的动能为

$$U_k = \frac{1}{2} \rho v_0{}^2 \qquad (5-11)$$

式中　ρ——破碎岩体的平均密度。

研究表明，当破碎煤岩体的初始速度为 $v_0 \geqslant 10 \ \text{m/s}$ 时，肯定会发生冲击地压。如果取 $\rho = 2.5 \times 10^3 \ \text{kg/m}^3$，则发生冲击地压的最小动能为 $U_{\min} = 125 \ \text{kJ/m}^3$。

在一定开采深度下，由于重力作用，煤岩体中聚积有一定的弹性能。原始应力状态为

$$U_{0s} = \frac{(\gamma H)^2}{2E} \qquad (5-12)$$

式中　U_{0s}——原始应力状态下聚集的弹性能，J；

　　　H——采深，m；

　　　γ——岩体的重力密度，N/m^3；

　　　E——岩体的弹性模量，MPa。

如果要发生冲击地压，则需要在井巷周围煤岩体中聚积大量的能量，即由于采动或构造应力作用，产生应力集中。一般

情况下，煤岩体中聚积的弹性能 U_s 小于煤岩体的最小破碎动能，故要发生冲击地压，需要有外部能量 U_f 的参与，即

$$U_s + U_f \geq 2U_{k\min} \tag{5-13}$$

则

$$U_f \geq 2U_{k\min} - K^2 \frac{(\gamma H)^2}{2E} \tag{5-14}$$

式中 K——应力集中系数。

随着工作面开采面积的增加，砾岩层就会像工作面基本顶岩层那样，也发生初次破断运动和周期性的破断运动。在初次破断和周期性的破断时，砾岩层内聚集的弹性能分别为

$$U_{w0} = \frac{q^2 L_0^5}{576EJ} \tag{5-15}$$

$$U_{wp} = \frac{q^2 L_p^5}{8EJ} \tag{5-16}$$

根据梁的理论，砾岩层初次断裂步距 L_0 和周期断裂步距 L_p 分别为

$$L_0 = \sqrt{\frac{2h^2 R_T}{q}} \tag{5-17}$$

$$L_p = \sqrt{\frac{2h^2 R_T}{3q}} \tag{5-18}$$

将断裂步距代入弯曲弹性能公式，则

$$U_{w0} = \frac{h^2}{12E} \sqrt{\frac{2R_T^5}{q}} \tag{5-19}$$

$$U_{wp} = \frac{h^2}{6E} \sqrt{\frac{2R_T^5}{3q}} \tag{5-20}$$

式中 q——砾岩层及上覆岩层附加载荷的单位长度载荷，N/m^2；

E——砾岩层弹性模量，MPa；

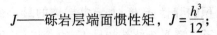

R_T——砾岩层的抗拉强度，MPa；

h——砾岩层的厚度，m。

当砾岩层破断时，能量就会以震动、地震波的形式释放出来。从砾岩层的破断处开始，在长度为 $\mathrm{d}l$ 的范围内，能量的变化值为 $\mathrm{d}U$。在通过距离为 L 后，有一定比例的能量损失，其变化可以写成

$$-\mathrm{d}U = \lambda U \mathrm{d}l \qquad (5-21)$$

式中　$-\mathrm{d}U$——能量的负增长，或者说是能量的损失。

因此，砾岩层破断产生的能量达到巷道或工作面时，由于部分能量的损失，其剩余能量为

$$U_f = U_w \mathrm{e}^{-\lambda l} \qquad (5-22)$$

式中　U_w——$l = 0$ 时的震动能量，即砾岩层破断释放的震动能量，J；

　　　λ——能量的衰减系数，它与巷道和工作面类型，震中释放能量的大小有关。

震中释放的能量越大，λ 也越大，一般 $\lambda = 0.012 \sim 0.039$。

砾岩层破断释放的震动能量 U_w 越大，传播到巷道或工作面的能量 U_f 也越大，越容易发生冲击地压；砾岩层破断的位置距巷道或工作面越近，传播到巷道或工作面的能量 U_f 也越大，也越容易发生冲击地压。

5.4　巨厚砾岩不同状态下冲击地压的发生机理

按照一般冲击地压矿井的发展规律，在开采深度加大，尤其是采深达到千米后，由于垂直压力和构造应力增加的影响，会使顶底板岩层和煤层的物理力学性质发生变化，矿井冲击地

压发生的频度会随开采水平的延深逐步增加，并向高级别发展。

华丰煤矿冲击地压的发生主要受以下几个因素影响：煤岩层具有冲击倾向性，矿井深部存在强烈构造应力场，覆岩的特殊性，开采深度大等。其中，覆岩中存在着坚硬的巨厚砾岩层，对覆岩运动及冲击地压都产生了极大影响，砾岩运动成为井下冲击地压发生的主要力源[156]。

根据覆岩空间结构理论[92]，对于华丰煤矿，能引起冲击地压的覆岩主要有两部分。一部分是从地表到煤系地层上部的巨厚砾岩，这部分岩层因自身重力产生较高应力，出现离层空隙后，在离层区域四周产生应力集中圈并向下方岩层传递，使采空区四周围岩产生应力集中，此时，砾岩有缓慢弯曲下沉趋势，但没有达到破坏状态，高应力使得煤岩体内应力高度集中，在一定诱发因素下，不断产生能量较小的冲击现象，强度小但次数频繁，当离层范围和跨度达到一定值后，砾岩发生断裂并剧烈运动，通过下部岩层对采场周围产生较强的动载冲击，从而引发剧烈的冲击地压现象。另外一部分是煤系地层内部的覆岩，这部分岩层传递上部砾岩的应力产生高应力差，其周期性垮落来压直接影响冲击地压的发生。

相关学者研究了顶板岩层诱发冲击地压的机理，将其分为处于稳定态岩层的"稳态诱冲机理"和处于运动态岩层的"动态诱冲机理"两种类型，并提出岩层影响下煤体冲击危险"诱冲关键层"判别准则及判断方法[80]。结合华丰煤矿特殊的地质开采条件，对巨厚砾岩条件下冲击地压的发生机理进行了深入分析。

巨厚砾岩层在相对稳定状态和失稳状态下诱发煤岩体冲击的时候都以突然、急剧的方式释放冲击弹性能，引起煤岩体破

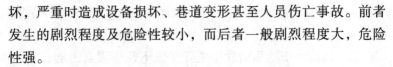
坏，严重时造成设备损坏、巷道变形甚至人员伤亡事故。前者发生的剧烈程度及危险性较小，而后者一般剧烈程度大，危险性强。

5.4.1 砾岩相对稳定状态下冲击地压发生机理

随着工作面的推进，采动影响范围由煤层顶板不断向上覆岩层扩展。在覆岩断裂带的上部，离层空隙开始产生并逐步扩展，其上覆砾岩层成为板状悬空岩梁状态，此时，离层空间的四周红层上将形成应力集中圈。离层带上覆巨厚砾岩的全部重量将由应力集中圈的岩石支承，并向其下方的岩体转移，进而可以转移到实体煤及采空区矸石上。作为传递上覆岩重的介质，基本顶及其上方各组岩梁的受力状态直接影响工作面矿山压力显现程度。

煤系地层多组岩梁结构的范围可取工作面上方 150 m 左右，在此范围内每一组结构可视为一个岩梁，其上部岩梁为缓沉结构，下部岩梁为断裂铰接结构。通常上部岩梁的跨度大，但岩梁的跨度是有限度的，上部岩梁的跨度太大时，岩梁的中部首先触矸。为简化分析，超过最上部岩梁范围直至地表的岩层（主要为巨厚砾岩层）的作用视为均布荷载施加在多组岩梁结构最上位岩梁上。对于某一特定的坚硬岩梁，在上一个工作面采空区的触矸线上，必然存在一个应力集中区，在实体煤上平巷侧的断裂线上，也必然存在一个应力集中区。在空间位置上，位置越靠上的岩梁由于其岩梁长度的增加，形成的应力集中区会越远离上平巷。对于各组坚硬岩层在煤体上形成的应力值，随着高度的增加而呈曲线变化，各组坚硬岩梁在煤体上形成的应力自下而上先增加后减小。

图 5-5 为砾岩相对稳定状态下覆岩应力分布图。煤层开采后，上覆岩层产生附加应力，形成压力拱，压力拱跨越整个

回采空间，其前后拱角分别作用在未采动的煤壁和采空区冒落的矸石上。随着工作面开采的推进，压力拱范围大小向前、向上部转移发展（当充分采动时压应力拱的高度达到最大），与此同时压力拱切断了拱内外岩体力的联系，承担了拱上部覆岩的重量，并将其传递至拱角，即形成支承压力。以工作面前方煤柱和采空区压实区域为拱脚的动态多层结构是由多组厚硬岩层与其上软弱岩层组成的。在充分采动阶段，超前支承压力来自于上覆岩层自重在煤岩体内产生的应力和煤系地层多组岩梁结构通过各自的拱脚传递的结构重量在煤岩体内产生的应力增量。

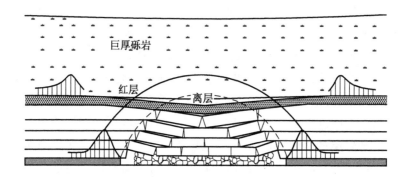

图 5-5 相对稳定状态下覆岩应力分布

由于华丰煤矿采深大，上覆岩层的自重应力与开采空间的水平应力都非常大。煤层开采后，原岩应力平衡状态改变，由于离层及巨厚砾岩下部应力集中圈的出现，经下方岩体的传递，在工作面周围形成了很高的应力集中，煤岩体中积聚的弹性能迅速增加。

根据冲击地压失稳理论，通过应力及应变增量表达发生冲

击地压的判别准则[157]为

$$\int_{V_e} \{ \Delta\sigma \}^T \{ \Delta\varepsilon \} \, \mathrm{d}v + \int_{V_s} \{ \Delta\sigma \}^T \{ \Delta\varepsilon \} \, \mathrm{d}v \leqslant 0 \qquad (5-23)$$

式中　V_e——弹性区体积；

　　　V_s——塑性区体积。

在这种情况下，煤岩体内储存的冲击弹性能达到其极限值时就会突然释放，从而引起煤岩体的冲击破坏。

5.4.2　砾岩失稳状态下冲击地压发生机理

坚硬巨厚砾岩失稳状态的主要表现形式为以较强的冲击载荷方式对煤体造成损伤；动力扰动不仅使巷道周边煤体发生层裂破坏并降低其侧向约束阻力，而且在煤体中形成了高应力，处于工作面支承压力带内的巷道，受到动力挠动时其最大垂直和水平应力上升较快，从而发生强烈的冲击现象。

随着工作面的推进，离层空间不断扩展，当离层空间扩大到一定范围后，砾岩的跨度和悬空面积也将达到一个最大值，离层的最大发育高度约为 2 m，长度约为 230 m。在水平拉应力作用下，砾岩底部开始出现裂隙破断，与基本顶周期性垮落相似，砾岩层在达到一定跨度后也规律性断裂，垮落步距一般为 110 ~ 130 m。巨大的离层空间为巨厚砾岩运动提供了足够的空间，砾岩会以一定速度冲向红层，巨大动压传递给煤岩体成为诱发冲击地压的关键因素。砾岩失稳破断后覆岩内应力分布如图 5-6 所示。

失稳前贮存在弹性区内的应变能为

$$\prod = \int_0^{2\pi} \int_\rho^{+\infty} \left(\frac{1}{2} \sigma_r \varepsilon_r + \frac{1}{2} \sigma_\theta \varepsilon_\theta \right) r \mathrm{d}r \mathrm{d}\theta$$

$$= \frac{(1+\mu)\pi}{E} \left(\frac{q-1}{q+1} \frac{P^*}{\sigma_c} - \frac{1}{q+1} \right)^2 \left(1 + \frac{E}{\lambda} \right) a^2 \sigma_0^{\,2}$$

$$(5-24)$$

式中　　a——巷道或工作面开挖进尺；

　　　　ρ——软化区的特征深度；

　　　　μ——特征位移；

　　　　P^*——发生冲击地压的临界载荷。

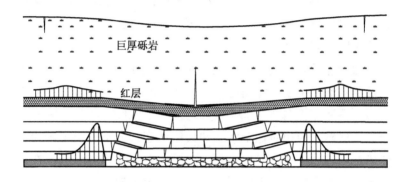

图 5-6　砾岩失稳状态下覆岩应力分布

　　上覆岩层破坏断裂产生震动，将所释放的能量以矿震的形式向四周传播。传播至煤体的瞬间应力增量很大，在采场或巷道原有应力场的基础上，震动载荷与煤岩系统的稳态应力场进行能量标量和应力矢量叠加。应力叠加起到的作用有两个方面：一方面使煤体应力发生振荡性变化，其加载作用使煤岩系统的应力进一步增大，卸载作用会使煤岩体的弹性能释放并在内部产生惯性运动；另一方面应力叠加使系统内煤体变形破坏做功所消耗的能量减小，从而使系统聚集和消耗的"差能"增加。若煤岩系统的原有静载荷较小，则需较高动载荷才能诱发煤体破坏；反之若煤岩系统的原有静载荷较大，则较低的动载荷就可导致叠加后的应力峰值超过煤体极限强度而易发生破坏。当动静载组合作用下煤岩系统达到冲击的条件时，煤岩将瞬间变形，发生动态冲击破坏。

5.5　本章小结

（1）阐述了冲击地压的影响因素、特征及分类，针对华丰煤矿这一典型的冲击地压矿井，分析了该深井地压的影响因素：煤岩层自身的冲击倾向性、构造应力场、巨厚砾岩运动、开采深度、煤柱及其他采矿技术因素。

（2）根据覆岩运动特征及华丰煤矿地质条件，基于冲击地压发生的能量关系，将引起冲击地压的覆岩分为两部分：从地表到煤系地层上部的巨厚砾岩部分及煤系地层内部的覆岩部分。根据砾岩的相对稳定状态和失稳状态，分别研究了砾岩两种状态下的冲击地压发生机理。巨厚砾岩相对稳定状态下在离层区域四周产生应力集中圈并向下方岩层传递，使采场及巷道的围岩产生应力集中，煤岩体弹性能急剧增加，当达到其极限值时就会突然释放，从而引起煤岩体的冲击破坏；在砾岩失稳状态下，巨厚砾岩沿断裂面或弱面滑动或扭转，将自身巨大的冲击动能传递给下部岩体，其冲击动载与支承压力叠加，造成采场围岩应力突然急剧升高，从而引发更加剧烈的冲击地压。巨厚砾岩层在相对稳定状态和失稳状态下诱发煤岩体冲击的时候都以突然、急剧的方式释放冲击弹性能，引起煤岩体破坏。相对稳定状态下冲击地压发生的次数多，剧烈程度一般较小；失稳状态下一般剧烈程度大，危险性强。由此认为，巨厚砾岩运动是产生冲击地压的主要力源。

6　覆岩运动及地表移动与冲击地压的相关性

随着煤矿开采深度的增加以及开采条件越来越复杂，矿井的冲击地压现象越来越多，危害也越来越大。由于地质条件的复杂多样及煤岩层结构的差异，冲击地压的发生往往具有隐蔽性。深井高围压条件下，采动覆岩层与地表移动变形是煤岩层结构受力变形的综合信息反映，隐含了井下发生冲击地压的丰富信息，从这些信息中可以识别出未来冲击地压发生的某些定量标识，这些标识与冲击地压的发生有较为密切的关系。通过掌握上覆岩层运动和地表移动的规律，可以有效预测、防治井下冲击地压的发生，为矿井安全生产提供保障。

在当前的技术条件下，井下冲击地压的现场调查和观测是探讨冲击地压的发生机理、预测预报和防治冲击地压的重要手段。华丰煤矿地表沉降过程中出现独特的地表斑裂和反弹现象，通过多年的现场实测发现，工作面推进过程中，地表下沉发生反弹前后，往往有较大震级的冲击地压发生，因此地表反弹可作为井下冲击地压危险的预报信息，是冲击地压安全预报的众多手段的一个有力补充。对华丰煤矿井下采场覆岩运动过程中进行的微震监测，通过定位计算，也证实了井下冲击地压的发生与采场覆岩运动及地表移动密切相关。

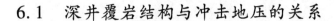
6.1 深井覆岩结构与冲击地压的关系

6.1.1 覆岩岩性对岩层和地表移动的影响

煤层开采后，由于顶板岩性与其组合结构不同，岩层和地表移动的情况会有所不同，因此对覆岩岩性认识研究十分重要[158]。

当上覆岩层均为块状、层状结构的坚硬、中硬、软弱岩层或其互层，而不存在整体结构类型的极坚硬岩层，开采后容易垮落，煤层顶板随采随冒，其上覆岩层不形成悬顶，能被冒落岩块支撑起来，并继续发生弯曲下沉与变形而直达地表。这时上覆岩层产生垮落带、断裂带、弯曲下沉带，地表则产生缓慢的连续性变形。

当上覆岩层大部分为层状、块状或碎裂结构的坚硬岩层时，煤层顶板大面积暴露后，或煤柱支撑强度不够时，会发生一次性突然垮落，并直达地表。此时地表则产生突然塌陷的非连续性变形。

当上覆岩层为碎裂或散体结构的极软弱岩层或第四系表土层时，煤层顶板即使小面积暴露，也会在局部地方沿直线向上发生垮落，并直达地表，这时地表将出现塌陷。

当上覆岩层中在某一位置上存在整体结构的厚层状极坚硬岩层时，煤层顶板局部或大面积暴露后，块状、层状及碎裂结构的岩石将发生垮落，但垮落发展到上述极坚硬岩层时，将形成悬顶不再发展到地表，此时地表产生缓慢的连续性变形。

当上覆岩层均为整体结构的厚层状极坚硬岩层时，煤层顶板局部或大面积暴露后形成悬顶，不发生任何垮落，而仅发生弯曲型变形，地表则为缓慢的连续性变形。

覆岩岩性会影响地表下沉值的大小。如上覆岩层中存在整体结构类型的厚层状极坚硬岩层时，地表下沉量会显著减小，即使是发生了一次性突然塌陷，其下沉量在没有极坚硬岩层的情况下，也小于类似条件。随着第四系表土层厚度占覆岩总厚度比例的减小，地表下沉系数也减小。我国煤矿实测资料表明，岩性越坚硬，整体性越好，地表下沉系数越小，反之亦然。

覆岩岩性还影响岩层和地表裂缝的形成与特征。下沉盆地的外边缘区为拉伸变形，当其值超过岩（土）层的允许值后，会形成张口裂缝（斑裂），张口裂缝（斑裂）等同岩（土）层的岩性有密切的关系。实测结果表明，塑性大的黏土，一般在拉伸变形值超过 6～10 mm/m 时产生裂缝；塑性小的砂质黏土、砂岩，拉伸变形值达 2～3 mm/m 时发生裂缝，其延展深度为 2～5 m；在岩石中拉伸变形值超过 3～7 mm/m 时发生裂缝，其延展深度大于在土层中得延展深度，如岩层为坚硬和极坚硬岩石，这类裂缝可使地表与采空区连通。

6.1.2 矿井覆岩结构特点分析

以华丰煤矿为例，对深井开采条件下的覆岩结构——岩层分组特征及复杂空间应力、应变场延性演化规律开展了研究，分析了深井煤层顶板直至地表各岩层（组）的大结构分组尺度特征，为进一步研究深井采动环境条件下覆岩及地表移动与冲击地压的相关性打下坚实的基础。

进入深部开采后，决定工作面周围矿山压力显现程度的岩层运动范围已经超出了直接顶和基本顶的范围，基本顶上方各组坚硬岩层状况与相邻工作面的采动情况决定了关键岩层的运动，从而决定了矿山压力的显现程度。

根据姜福兴教授对覆岩空间结构的研究[20]，结合华丰煤矿一采区综合柱状图及现场实际，分析了 4 煤层工作面的覆岩结构的组成。姜福兴教授认为，覆岩空间结构的类型是根据本工作面与相邻工作面采动状态之间的关系决定的，按工作面采动边界条件，可分为"O"型、"θ"型、"C"型和"S"型。其中"S"型覆岩空间结构是指一侧采空的工作面基本顶及其上覆岩层形成的、支点在采空区和实体煤上的岩层结构，从垂直层面方向看，"S"型覆岩空间结构涉及的岩层范围是基本顶、基本顶以上若干组坚硬岩梁、直至地表的各组岩层的总和。华丰煤矿4煤层工作面符合"S"型覆岩空间结构，如图6-1所示。

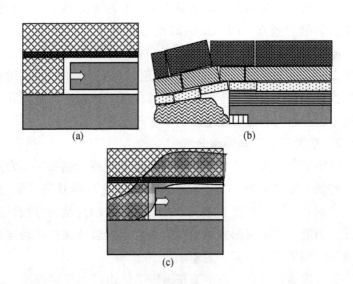

图6-1 "S"型覆岩空间结构示意图[20]

（1）直接顶与基本顶。直接顶在推进方向上不能始终保持水平力的传递，当悬露面积增大到其极限垮距时开始垮落。按照传递岩梁理论，基本顶（第1组岩梁）指直接顶上方自身能够形成平衡结构、在推进方向上能传递水平力的那部分岩层[19]。直接顶与基本顶形成覆岩结构最下位的空间结构，由于距离煤层最近，直接顶断裂、运动对采场及巷道形成的影响最直接，但不一定最大。基本顶岩梁的强度、节理裂隙发育程度、采煤方法、煤层厚度等因素共同决定了对采场的影响程度。

（2）基本顶上方多组坚硬岩梁。多组坚硬岩梁一般指能够对采场造成显著影响的岩层范围，也是传统"三带"理论中的断裂带。坚硬岩梁所包含的岩层范围远远大于 6～8 倍的采高，相对于华丰煤矿 4 煤层采区，多组坚硬岩梁为基本顶上方的含煤地层，根据相似材料模拟实验，坚硬岩梁包含的范围达到 20 倍采高（煤层厚 6.4 m，破裂高度 127 m）。

（3）坚硬岩梁上方直至地表的岩层。在坚硬岩梁的上方直至地表之间的岩层，对于华丰煤矿主要为古近系地层，在其下部红层与巨厚砾岩的界面处出现大范围的离层空隙。离层空隙的产生与发展，使得原来称之为"弯曲带"中的岩体，有可能产生垮断冒落，这对井下冲击地压的发生及地表的沉陷运动影响较大。

系统研究采场覆岩结构的目的，在于动态地评估岩层运动与矿山压力的灾害以及矿山压力的可利用程度，解决工程中的实际问题。

随着工作面的推进，采动影响范围由煤层顶板不断向上覆岩层扩展。在覆岩断裂带的上部，离层空隙开始产生并逐步扩展，其上覆砾岩层成为板状悬空岩梁状态，此时，离层空间的四周将形成应力集中区[159]。离层带上覆巨厚砾岩的全部重量由应力集中区的岩石支承，并向其下方的岩体转移，进而可以转移到实体煤上及采空区矸石上。作为传递上覆岩重的介质，基本顶及其上方各组岩梁的受力状态直接影响工作面矿山压力的显现程度。

煤层开采后，上覆岩层产生附加应力，形成压力拱，压力拱跨越整个回采空间，其前后拱角分别作用在未采动的煤壁和采空区冒落的矸石上，随着工作面开采的推进，应力拱范围向工作面前方、上部转移发展（当充分采动时压应力拱的高度达到最大），与此同时压力拱切断了拱内外岩体力的联系，承担了拱上部覆岩的重量，并将其传递至拱角，即形成支承压力。

在充分采动阶段，超前支承压力来自于上覆岩层自重在煤岩体内产生的应力和煤系地层多组岩梁结构通过各自的拱脚传递的结构重量在煤岩体内产生的应力增量。

由于上覆岩层的重量及压力拱传递来的应力增量，在煤壁前方形成了支承压力高峰区；基本顶上方各组坚硬岩梁在上工作面采空区的触矸线及工作面上平巷内侧的接触带上也将形成应力集中区。处在支承压力高峰区及应力集中区的煤岩承受的静压较高，多为冲击地压显现区。

覆岩运动产生动压，动压的强度随着不同阶段覆岩结构高度的变化而不同，应根据工作面推进阶段，确定冲击地压危险程度。岩层破坏的范围产生突变从而引起应力突变，这是基于覆岩空间结构理论预测工作面冲击地压的基本依据。在现场，只要监测到岩体破裂的边缘区域，即可找到高应力区，通过力学原理，可以估算出应力值，再根据煤体的冲击倾向性，可以比较准确地预计冲击地压发生的可能性。

6.1.3 微震监测验证覆岩空间结构下冲击地压的发生

对于 1410 工作面，在推进过程中，遇到了基本顶断裂、单工作面见方、多工作面见方、煤柱、向斜轴部、断层影响区等容易诱发冲击地压的因素，遇到容易诱发冲击地压因素的阶段都是顶板活动高度增加、范围加大、对工作面及上、下平巷影响加剧的阶段。这些阶段来临期间，发生冲击地压的可能性迅速增加，因此，研究这些阶段的来压机理，对于预测预报冲击地压，对危险区及时采取卸压手段，保证安全开采意义重大。通过微震监测、理论预计、危险预警等工作，研究和揭示1410工作面冲击地压的机理，为治理冲击地压提供依据。

1410工作面开采后，煤层上方的基本顶在走向方向悬露的面积越来越大，工作面推进至距离开切眼58 m，基本顶在上方岩层压力的作用下断裂，形成初次垮落。基本顶初次垮落后，煤层上方、下方的岩层中的应力重新分布，工作面动压明显。

2006年5月28日，在1410工作面上平巷以里16 m、工作面前方47 m处发生了1.4级矿震。矿震发生的震源位置位于"L"型与"S"型覆岩空间结构的拐角处，两种结构转变时，采场中的应力场发生改变，在空间结构拐角处，是应力变化最大的区域，发生应力突变，导致岩石破裂。

2006年6月10日，1410工作面推进至距切眼130.7 m位置发生一次2.0级冲击地压。此时，在走向方向上工作面"见方"。覆岩中的上位顶板岩梁断裂，在其断裂过程中，岩梁原承载的高应力得到了释放，下方岩层当中三向应力状态瞬间改变，致使坚硬岩层在中部产生断裂，从而产生了2.0级的矿震。

通过分析微震监测的结果[159]，证明运用覆岩空间结构理论可以预测长壁工作面冲击地压发生的一些特殊位置，如基本顶初次来压、工作面"见方"、不同结构结合部等。在这些特殊阶段，覆岩的破坏范围有较大变化，直接引起岩层应力突变，导致冲击地压发生的危险性大大增加。

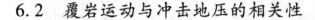

6.2　覆岩运动与冲击地压的相关性

华丰煤矿具有特殊的地质条件，-1100 m 水平上覆砾岩层厚度 400~800 m，完整性好，整体硬度大，煤层开采后砾岩层断裂垮落形成华丰煤矿特有的覆岩运动形式——"砾岩运动"。

砾岩运动是砾岩层底部离层平衡系统失稳垮落的结果。在离层产生扩展的过程中，岩体自身重力使砾岩体积蓄大量的弹性能，应力在离层区四周形成应力集中并向下部煤系地层传递，在工作面周围形成高压应力集中带。当离层发育足够大时，砾岩的平衡条件被破坏，砾岩层底部就会发生断裂垮落活动。根据相似材料模拟试验和地表岩移观测数据，表明砾岩层的断裂具有较为明显的周期性，且每一次大的断裂都预示着覆岩会发生一次较大的运动。例如华丰煤矿 2407 工作面从推进至 520 m 处开始，大约在 120 m 范围内集中出现冲击，均发生在工作面的推进过程中，且整个工作面的宽度范围内发生冲击地压，共发生 28 次[160]。该区域大面积冲击地压的发生主要由于 2407 工作面处于砾岩厚度最薄的区域，离层上部的砾岩断裂垮距变小，当工作面推采到一定距离达到断裂垮距时，砾岩发生垮落，引起工作面冲击地压的集中发生。

砾岩运动变化规律可以通过地表移动情况清晰反映出来，并与冲击地压的发生存在着一定的关系。例如 1407-08 工作面地表沉陷观测资料表明，工作面每推进 250~300 m，沉降盆地边沿地表就出现短时间的强烈反弹，随后下沉速度显著增大。通过对 1407-08 工作面某测点下沉速度随开采距离变化曲线分析，地表的强烈反弹暗示着砾岩运动强度不断加大的开始。1407-08 工作面推采距离、地表下沉速度与发生冲击地压关系如图 6-2 所示。砾岩运动阶段内冲击地压发生次数如图 6-3

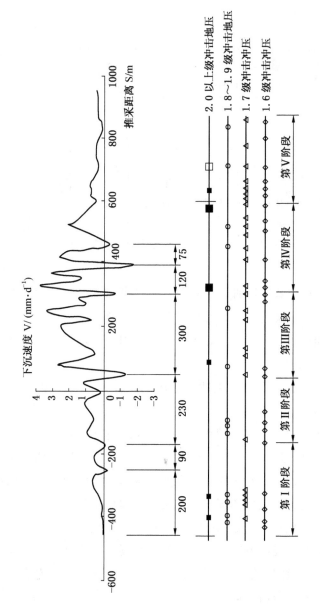

图 6-2 1407-08 工作面推采距离、地表下沉速度与发生冲击地压关系图

所示。

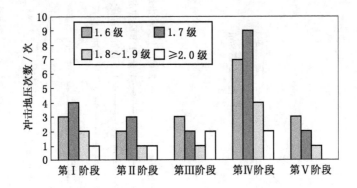

图 6-3　砾岩运动阶段内冲击地压发生次数

根据观测及以往研究结果[87]，可以把砾岩层运动分成 5 个阶段：初始运动阶段、相对稳定阶段、显著运动阶段、剧烈运动阶段和运动衰减阶段。砾岩运动阶段内冲击地压发生次数如图 6-3 所示。

砾岩运动阶段内发生冲击地压的规律性[87]：冲击地压在砾岩层初始运动阶段多集中于工作面的开采初期，次数较多，但强度低；相对稳定阶段多集中于阶段的首尾两端，次数少，强度低；显著运动阶段多发生在此阶段地表下沉速度曲线突变处前后时刻，次数明显增加，强度显著增强；剧烈运动阶段由于下沉速度突变或反弹频繁，说明冲击地压发生较为频繁，次数和强度达到最大；运动衰减阶段地表下沉速度逐渐趋于缓和，冲击地压强度及频度大大降低，并逐步过渡到下一个运动周期的相对稳定阶段。一般工作面每向前推进 300 m 左右，砾岩层即进入一个新的运动周期。

在砾岩运动的周期内，每个波谷与波峰时刻均对应着冲击地压发生，具有小周期性；地表下沉速度峰值有从小到大、再从大到小的趋势，符合砾岩运动的大周期特征。砾岩运动的大周期中包含着小周期性，表明砾岩运动与冲击地压的对应关系具有相似性。各阶段内地表下沉速度曲线变化情况见表6-1。

表6-1　砾岩各运动阶段地表下沉速度曲线变化情况

砾岩运动阶段	下沉速度曲线波峰数	下沉速度曲线波谷数
初始运动阶段	2	3
相对稳定阶段	3	4
显著运动阶段	7	6
剧烈运动阶段	5	6
运动衰减阶段	2	3

通过地表下沉速度曲线的变化情况及其趋势，可以推断上覆砾岩运动在各个阶段的变化特征，强度上由弱变强后又减弱，频度上从低到高后又逐渐降低。

图6-4为2010年上半年砾岩运动的曲线，以2009年12月测点标高为基础，根据三采区、二采区、一采区各观测点每一个月内砾岩最大下沉速度进行绘制。

从曲线中可以看出，2月底、5月底砾岩活动较为频繁，特别是5月份，二采区测点下沉速度与三采区、一采区明显不同，测点下沉量明显减少，说明砾岩在此期间有较大弹性变化，随着能量的积聚，会在一定的时间释放能量，二采区4煤层工作面的开采，应是能量释放的重点区域。从6月底的曲线分析，砾岩能量有所释放，但根据以往砾岩活动规律来看，能

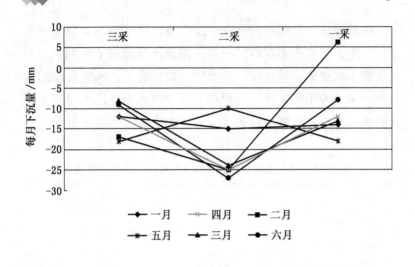

图 6-4　砾岩运动曲线

量释放还会有一个延续过程，伴随着还会有矿震现象的发生。从 4 月、5 月、6 月这 3 个月曲线分析来看，三采区 4 煤层工作面有较大的能量积聚，二采区下沉量有所减小。从二采区、三采区整体分析，前期砾岩能量释放后，紧接着又是一个能量的积聚过程，随着工作面的推进，采空区面积增大，积聚的能量又会在一定的时间释放，通常会能量比较大，震级比较高。工作面在推采过程中应加强防冲措施，防止矿震现象带来的危害。

6.3　地表移动与冲击地压的关系

地表反弹是华丰井田特有的覆岩运动特征。工作面每推进 150~250 m 时，地表在短时间内出现强烈反弹，随后下沉速度明显加快，走向上地表最大下沉位置也随工作面推进向前移动。

6.3.1 1407 – 08 工作面地表移动与冲击地压的关系

在 1407 – 08 工作面上方地表设立了南良夫东倾向线、西倾向线及走向线。1407 – 08 工作面某测点地表移动观测曲线如图 6 – 5 所示。

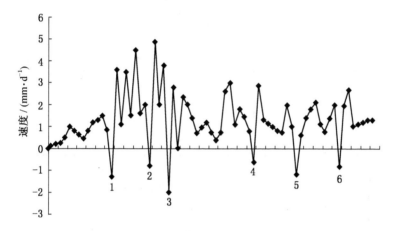

图 6 – 5 1407 – 08 工作面某测点地表移动观测曲线[87]

从图 6 – 5 可以看出华丰煤矿 1407 – 08 工作面走向上（在工作面中部）地表变形具有明显的下沉与反弹特征，其中地表出现明显反弹有 6 次，如图 6 – 5 所示，最大反弹速度为 – 2.2 mm/d。这一阶段井下工作面冲击地压的统计情况见表 6 – 2。

地表下沉速度剧烈变化处，冲击地压发生频率较高，往往在地表下沉速度剧烈变化之前或之后数天发生。一般情况下，提前或滞后 20 天左右的可能性较大，占 70% 左右。

地表下沉量的反弹处更为危险，常伴有震级较大的冲击地压发生。反弹变化越大，则震级越大。统计表明反弹处发生 2.0 级以上强震的比例为 50%。

表6-2　1995年11月—1996年12月期间1407-08
工作面冲击地压统计情况

时　间	地　点	诱发原因	破坏情况	原因分析
1995年11月15日	1408工作面中部		破坏煤壁5 m，震级1.3级，底鼓200 mm	
1995年11月22日	1407工作面腰巷		破坏煤壁5 m，损坏支架3架，震级1.1级	工作面过石门，石门集中应力影响
1995年12月31日	1408工作面下端头及下巷		破坏下端10 m，损坏支架11架，震级2.0级	砾岩运动影响
1996年1月17日	1408工作面下半部		破坏巷道5 m，损坏支架2架，震级1.9级	
1996年4月27日	1407工作面上巷及上半部	工作面爆破	破坏巷道50 m，损坏巷道100 m，停产3 d，重伤10人，轻伤1人，震级2.9级	上阶段煤柱集中应力，砾岩运动影响
1996年5月25日	1408工作面	工作面爆破	破坏煤壁5 m，震级1.3级	
1996年6月1日	1408工作面下端头	工作面爆破	破坏煤壁5 m，震级1.7级	上阶段煤柱影响
1996年6月7日	1407工作面上端头		破坏煤壁5 m，震级1.7级工作面下口往外60 m内	
1996年10月10日	1408工作面下巷		严重影响45 m，底鼓0.8 m，平均0.5 m，震级1.9级	上覆砾岩运动影响

6.3.2 1409 工作面地表移动与冲击地压的关系

1409 工作面于 2003 年 11 月初采，初采前 1409 工作面上方地表总下沉量 $W = 1222$ mm，2003 年 1—11 月内，1409 工作面上方地表下沉速度在 0～1.6 mm/d 之间，地表没有出现反弹。1409 工作面开采后，地表下沉速度、冲击地压能量与推进距离关系如图 6-6 所示。

2003 年 12 月中旬，1409 工作面自开切眼推采了 50 m，1409 工作面上方地表下沉速度就到了 2.6 mm/d；2004 年 2 月 1409 工作面上方地表开始出现反弹，反弹速度较为缓和，随后地表开始加速下沉，2 月中旬，1409 工作面推采 175 m 后，其上方地表下沉速度到了 3.6 mm/d；3 月上旬，1409 工作面推采 200 m 后，上方地表下沉速度就到了 9.0 mm/d；3 月中旬，1409 工作面上方地表出现剧烈反弹现象，最大反弹速度 -4.0 mm/d；随后 3 月下旬至 4 月初，1409 工作面上方地表出现加速下沉，下沉速度到了 9.5 mm/d；6 月中旬 1409 工作面上方地表反弹速度为 -2.6 mm/d；随着工作面的推采，地表交替出现下沉和反弹。

对比 1409 工作面开采以来的微震事件统计情况，将每个月的大能量事件进行了统计分析，对比地表下沉速度曲线发现：

（1）1409 工作面综放开采后，其上方地表的下沉速度最大到了 9.5 mm/d，较分层开采时地表下沉速度有大幅增长，这说明综放开采对地表的采动影响程度很大。1409 工作面综放前的 1 年时间，地表没有出现一次反弹，1409 工作面综放后，地表下沉与反弹峰值交替出现，且其值较大，反映出了综放条件下开采砾岩运动更为剧烈。

（2）1409 工作面推采 200 m 后，地表下沉速度逐渐加大，

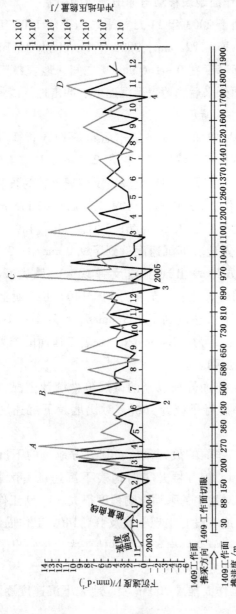

图 6-6 1409 工作面地表下沉速度、冲击地压能量与推进距离关系

反弹现象出现的幅度和频率较开采初期有较大增大；在推采280 m 后，地表下沉速度明显减小，一段时期内没有出现反弹现象。根据华丰煤矿地质条件，表土层较薄，地表下沉与反弹能较直接地反映出巨厚砾岩层的运动情况。结合关键层理论，初步推断出巨厚砾岩层的初次断裂步距在 260~280 m。巨厚砾岩初次断裂，通过对井下冲击事件能量的统计，2004 年 3—4月份微震事件比较频繁且大能量事件较多。2004 年 3 月 27 日下午矿区发生一次较强烈震动，时间为 15 时 42 分，震级 2.6级，能量 4.46×10^7 J，方位角 47°，位于井田东边界。从震动波形分析，此次震动为岩层断裂，所以震感较强烈。6 煤层工作面三条平巷震感较强烈，现场无冲击显现；1409 工作面也有震感，现场无冲击显现。虽然发生了大震级的矿震，但是由于这一时期井下加强了防冲措施，工作面没有发生冲击显现，未对生产造成威胁。

（3）图 6-6 中速度曲线出现反弹处 1、2、3、4 对应于能量曲线的峰值 A、B、C、D。通过这种对应关系，可以根据地表观测来预计井下冲击地压的发生。当地表下沉出现反弹时，说明砾岩层积聚了大量的弹性能，上覆岩层的应力集中程度较高，一旦受到开采扰动等诱发因素，极易造成严重的冲击地压事故。此时，应做好井下工作面、巷道的防冲措施，通过积极主动的措施做到有震无灾。同时发现，大能量微震事件发生时，地表不一定出现反弹现象，因为井下发生冲击的诱发因素很多，上覆砾岩运动是其中重要的影响因素和主要力源。

工作面开采初期，煤层基本顶及上方多组岩梁开始运动，软弱红层上方离层区开始出现。随着工作面的推采，离层区发育高度、发育空间逐渐增大，由于离层区上方为巨厚的砾岩层，自重大，水平应力相对较高，在离层区四周出现应力集中现象，应力通过岩层的传递，在 4 煤层工作面附近形成冲击应力高峰区，岩层的弹性能不断积聚。这些高峰区位置有上平巷的两侧、上区段采空区、本工作面采空区、工作面见方区等。离层范围在达到上覆砾岩的极限垮落距之前的时期内，砾岩层基本保持稳定状态。由于受到开采扰动、打眼爆破等因素影响，容易诱发冲击应力高峰区发生冲击地压。

当工作面推采到距开切眼 280～320 m 时，离层区上部砾岩层达到最大垮距，地表下沉速度大且下沉反弹交替频繁出现表明砾岩运动较为剧烈，砾岩层底部开始出现断裂。离层范围足够大时，砾岩层将整体垮断，对煤系地层产生强烈的冲击，导致大能量冲击事件的发生，危及工作面的正常生产。根据实际地质资料，巨厚砾岩层虽然整体性较好，但也存在与泥岩互层现象，在离层范围不够大时，砾岩层不会整体垮落，而是在底部先断裂垮落，此时在冲击应力高峰区位置，应力值也将加大，积聚的弹性能可能突然释放，这一时期微震监测所示的微震事件多且能量大。

6.3.3　1410 工作面开采初期地表下沉与冲击地压的关系

1410 工作面于 2006 年 4 月底开采，至 2006 年 9 月 9 日冲击地压前为第一次开采阶段，这一时期工作面共推采 290 m。

1410 工作面开采时地表设有两条岩层移动观测线，即河西西倾向观测线和河西东倾向观测线，后来根据工作面的布置及地表的实际情况，又补设了一条走向线。微震监测系统在 1410 工作面开采期间一直监测使用正常。微震监测取得很好成果，找出了微震事件发生的规律：①微震事件周期性能预报冲击地压时间；②微震事件发展趋势能判定冲击地压危险性；③微震事件释放能量能断定冲击地压强弱；④根据微震事件空间位置断定发生矿震的因素；⑤根据微破裂点位置判断承压状态。根据微震的现场监测及分析表明，当微地震事件的平面分布具有明显分区性时，应力的高峰位置在此区域发生叠加，该区域及其附近区域具有冲击地压危险，结合其他监测手段综合进行分析可以划出工作面冲击地压危险区域。1410工作面第一阶段开采期间地表下沉曲线与冲击地压震级间的关系如图6-7所示。

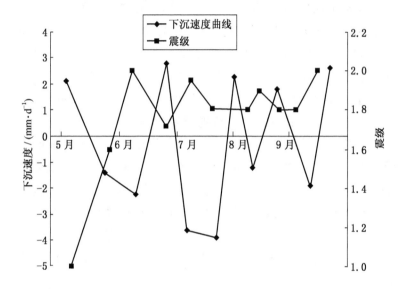

图6-7　1410工作面开采初期地表下沉速度曲线与井下冲击地压震级

　　1410工作面自开采以来，5月初最大下沉速度为2.1 mm/d，随后地表开始出现反弹，至6月初反弹速度达到-2.2 mm/d；工作面推采至130 m时，地表的下沉速度达到2.8 mm/d；从6月27日后，工作面推采至160 m时，地表下沉有所减缓，这种状况一直持续到9月9日，这期间反弹速度偏大，在每月的观测中均出现了较大反弹量。以7月份为例，地表基本处于反弹状态，反弹速度最大为-3.9 mm/d。到了8月份，地表处于下

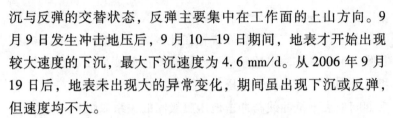

沉与反弹的交替状态，反弹主要集中在工作面的上山方向。9月9日发生冲击地压后，9月10—19日期间，地表才开始出现较大速度的下沉，最大下沉速度为4.6 mm/d。从2006年9月19日后，地表未出现大的异常变化，期间虽出现下沉或反弹，但速度均不大。

从冲击地压的震级变化来看，1410工作面开采初期一个月，冲击地压能量逐渐上升，震级逐渐加大。6月初地表反弹幅度较大，6月10日1410工作面推进至距切眼130.7 m位置，工作面发生一次2.0级冲击地压。之后的近一个月内，微震事件数量、能量相对较少。到了7月份工作面推采过200 m后，地表长期处于反弹状态，冲击地压事件相对较多，能量较大，矿区地震台监测到7月份1410工作面发生了3次1.9级的矿震，2次1.8级的矿震，由此可以推断出上覆岩层运动较为剧烈，离层空间扩大，接近砾岩层的初次垮断距。到了8月份，发生1.8级、1.9级矿震各一次。9月2日地表出现反弹，反弹速度为-1 mm/d，9月9日1410上平巷掘进工作面发生了一次2.0级冲击地压，造成人员伤亡的严重事故，工作面停产。

1410工作面与1409工作面虽同为放顶煤开采，但从地表沉陷的情况来看，还是存在着一定的区别：

（1）初采1410工作面地表起动距明显变小：1407-08工作面地表起动距约为200 m，1409工作面为50 m，1410工作面为30 m。

（2）1410工作面与1409工作面推采150～300 m过程中的对比：地表下沉与反弹交替出现，1410工作面地表沉陷运动不如1409工作面剧烈，1410工作面下沉量也不如1409工作面大。

工作面推采 300 m 时，1409 工作面影响地表下沉 230 mm，而 1410 工作面 2006 年 9 月 9 日开采了 290 m 时，才影响地表下沉了 70 mm。

（3）地表下沉速度：1410 工作面地表下沉速度明显小于 1409 工作面地表下沉速度。1409 工作面开采时地表下沉速度达到 9.5 mm/d，而 1410 工作面自 2006 年 4 月份开采后，地表最大下沉速度仅为 4.6 mm/d。

（4）对斑裂的影响：放顶煤开采时，地表的移动变形剧烈，但斑纹数量确有所减少。1409 工作面放顶煤开采后，在该工作面西、中部未发现因 1409 工作面开采造成的斑纹，只在其东部发现一条斑纹。而 1407-08 开采时，发现了几处较大的斑纹，其中还伴随着众多大小不等的支斑裂。1410 工作面从 2006 年 4 月底开采后，在距 1410 工作面下山方向 360 m 处产生了斑裂，但产生斑裂数量不太多，影响也较小。

（5）岩移参数：通过对 1410 工作面的观测，根据对已采过的河西东、西两线的观测，得出最大下沉角 $\theta = 83°$，边界角 $\beta = 49°$。

6 煤层先于 4 煤层开采，是 4 煤层的解放层。在 1410 工作面下方，分别是已开采的 1610 工作面和 1611 工作面。1610 工作面和 1611 工作面间留设了约 4 m 宽的煤柱，从剖面图上看，正位于 1410 工作面下方，距离 1410 上平巷 25 m。另外，6 煤层的强度较大，属于坚硬煤层。在 1610 工作面和 1611 工作面开采后，区段残留煤柱并没有在上方岩层的压力下完全破碎，相对完整，因此，在煤柱区上方的岩层也相对完整。由于区段煤柱的支承作用，在其上方形成的相对完整的支承结构，其支承压力相应的增大。区段残留煤柱本身也同样处于高应力状态，其失稳破坏后，会形成整个区段煤柱高支承压力影响区的岩层运动，进而产生冲击地压灾害。

图 6－8 所示为 2006 年 9 月 9 日冲击地压事故示意图。2006 年 9 月 9 日上午 10 点 30 分在 1410 上平巷发生一起冲击地压事故，摧毁巷道 71 m，巷道顶底板收缩 1.4～2.5 m，两帮收缩 1.0～2.3 m，掘进工作面以外 30 m 处巷道高仅 0.5 m，造成 2 人死亡，2 人重伤。本次冲击地压震级 2.0 级，能量 2.2×10^7 J。该巷道是 1410 工作面中段上平巷，全长 498 m，已经掘进了 480 m，剩余 18 m 预透。震源位于掘进工作面前方 30 m、4 煤层底板下 55 m，属于岩层断裂型冲击。冲击地压发生前，掘进工作面正在安装最后一根锚杆，下帮打防冲眼。

事故原因分析：

（1）1410 工作面采深近 1000 m，煤层顶板和底板坚硬，煤层具有强烈冲击倾向性。6 煤层保护层开采后，1410 下平巷处于保护层应力强烈释放带，没有冲击地压危险；而上平巷处于保护层应力恢复带，上平巷围岩应力水平很高，具备发生冲击地压的基本条件。

（2）1409 工作面是第一个综放工作面，根据地表沉降的观测结果，地面下沉量仅 0.75 m，比 1408 分层工作面开采小 1.8 m，证明 1409 工作面顶板上部的砾岩没有完全断裂和沉降，弯曲和部分断裂的砾岩在 1410 工作面开采初期以多层悬臂梁的形式作用在 1410 上平巷的区域，造成 1410 工作面附近及上覆各组岩梁形成应力集中区，冲击应力较高，大量弹性能聚积在高应力区。

（3）掘进工作面距离贯通还有 18 m，其上有较高的应力集中，掘进和卸压施工都可能改变岩层的支撑条件而引起围岩内的应力突变，从而诱发冲击地压。从事故发生后顶板砾岩出水、底板中坚硬厚岩层瞬间破裂、震源与冲击地压显现位置相

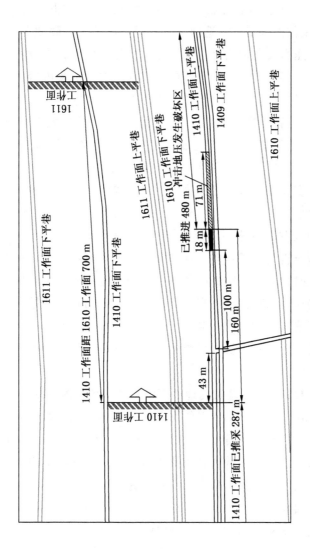

图 6 - 8　2006 年 9 月 9 日冲击地压事故示意图

距较远等现象分析，本次事故属于多因素复合型冲击地压事故。

由于 1409 工作面下沉量较以往偏小，且存在很大的悬壁，在 1410 工作面开采后，造成了悬壁进一步增加，致使 1410 工作面支承压力大，形成多个高应力集中区。因此，在没有达到下沉量时，即砾岩悬壁未断开前，煤系地层及上覆砾岩层积聚了大量的弹性能，极易造成冲击地压事故的发生。

1410 工作面第一阶段开采期间地表下沉速度明显小于 1409 工作面开采时的下沉速度，由于 1409 工作面下沉量偏小，从理论上说，1410 工作面开采后地表应出现较大的下沉速度，而现在下沉速度明显偏小，这一反常现象预示着冲击地压的高危险性。

1410 工作面地表下沉速度偏小，但沉陷速度的变化还是反映了上覆砾岩活动的强弱，从震级能量变化可以看出，能量变化幅度大时，地表沉陷速度还是呈现出一定的变化，且地表下沉与反弹交替出现，当地表开始反弹时，表明砾岩开始剧烈运动，井下采煤工作面围岩应力大范围突然增大，这一时期冲击地压多发。地表的下沉、反弹的交替出现可以作为冲击地压危险的预报信息。

6.3.4　1410 工作面复采后地表下沉与冲击地压的关系

从 2007 年 4 月 1410 工作面复采后，地表虽持续沉陷，但下沉速度一直较小，最大下沉速度基本在 0.8～2.8 mm/d 之间。复采以来地表出现反弹次数也较少，在工作面下山边界出现一次较大反弹现象，最大反弹速度为 –2.2 mm/d；另外在工作面前方出现几次反弹现象，最大反弹速度为 –2.1 mm/d。

通过对复采以来地表沉陷观测，从表 6 – 3 可以得知，地表的下沉速度一直不是很大，期间的速度变化也不是很明显。从 2007 年 4—8 月，1410 工作面的地表下沉点主要集中在河西东线及走向线，这主要是从 2007 年 4—8 月，1410 工作面采至河西东倾向线及走向线西部一带，因此，东线和走向线的上覆岩层运动较为活跃，河西东线的沉陷尤为明显。但随着工作面的推进，工作面已采过河西东线较长一段距离后，其滞后影响逐渐减弱。2007 年 10 月 13 日发生 2.0 级冲击地压后，超前采动影响有所延展，工作面超前 400 m 范围内地表下沉速度达到了 1.5 mm/d。2008 年 1 月 29 日测量工作面超前 420 m 处测点，地表下沉速度约为 1.4 mm/d，在这一时期地表最大下沉速度基本出现在工作面后 400 m 和工作面前 200 m 的范围内。从复采阶段的观测情况来看，地表最大下沉速度点一直出现在采空区的下山方向，这与倾斜煤层的最大下沉点在下山方向的理论观点是相吻合的。而河西西线，由于采过时间和距离较长，1410 工作面对其开采影响越来越弱，在这一阶段的观测中地表虽出现下沉、反弹的现象，其下沉与反弹量均未出现明显异常。

表6-3 1410 工作面复采后地表岩移观测统计

观测日期	最大下沉速度/ (mm·d⁻¹)	最大下沉点与工作面关系/m	当日工作面推采距离/m	备注
2007 年 6 月 17 日	2.7	采前 176	409	
2007 年 8 月 19 日	2.5	采后 36	511	
2007 年 8 月 28 日	2.2	采后 0	524	
2007 年 9 月 10 日	2.0	采后 20	550	
2007 年 9 月 20 日	2.6	采后 0	563	1410 走向线
2007 年 10 月 18 日	2.8	采后 32	603	
2007 年 10 月 29 日	1.9	采前 260	616	
2007 年 12 月 20 日	1.9	采后 80	710	

表6-3（续）

观测日期	最大下沉速度/ (mm·d⁻¹)	最大下沉点与工作面关系/m	当日工作面推采距离/m	备注
2007年5月8日	反弹0.75	下平巷以北50	330	
2007年6月17日	2.1	下平巷以北130	410	
2007年6月28日	反弹0.4	下平巷以北50	420	
2007年7月17日	1.7	下平巷以北170	460	
2007年8月19日	2.2	下平巷以北110	510	河西东线
2007年9月10日	2.0	下平巷以北110	540	
2007年9月21日	1.7	下平巷以北70	560	
2007年10月18日	1.8	下平巷以北170	610	
2007年10月29日	2.3	下平巷以北140	620	

1410工作面停采期间，工作面前后方频繁发生微震事件，说明工作面附近围岩应力在停采期间处于调整状态。复采前1410工作面后方顶板运动趋于稳定，应力分布也趋于稳定。由这一时期的地表岩移观测也可以看出，地表下沉速度小，反弹现象不明显。2007年4月份恢复开采，在5月份没有发生大的微震事件。进入6月份以来，工作面进入应力集中区，其上已采1409工作面采空区上覆岩层并未停止运动，某些岩梁尤其是巨厚砾岩层仍处于临界平衡状态，对1410工作面来说形成悬顶。1410工作面的开采，对平衡形成扰动，处于临界平衡状态的岩梁再次运动。6月12日，1410掘进工作面发生一次1.5级矿震事件，能量4.7×10^5 J。6月13日1410工作面监测到一次1.6级矿震，定位点位于工作面前29 m，底板以下9 m，能量为2.90×10^5 J，工作面无矿山压力显现。6月25日1410工作面后方105 m处发生1.8级矿震，矿震能量1.44×10^6 J，

工作面无矿山压力显现。

1410 工作面复采以后,由地表岩移观测与井下冲击地压事件的统计结果,可以看出工作面覆岩运动已呈现出正常推采阶段的规律,同时岩层内的冲击应力分布也进入正常推采规律。6 月份工作面已经推采 400 m,6 月 28 日,河西东线观测点出现反弹现象,反弹速度达到 -0.4 mm/d,表明这一阶段为砾岩活动的活跃期,致使连续产生高能量的微震事件。

6.3.5 1410 工作面 2008 年地表下沉与冲击地压的关系

图 6 - 9 所示为 1410 工作面在 2008 年工作面微震能量和频次与推进距离的关系,从图中可以看出工作面正常推采阶段,一般情况下释放的冲击能量在 5×10^4 J 以下,频次在 500 次以内,能量和频次呈现波动状态,两者的波动趋势基本一致。推采过一定距离后,能量和频次呈现急剧的升高,且有一定的周期性,大约每推采 200 ~ 300 m 冲击能量和频次出现一次峰值区,冲击能量最大为 2×10^5 J,频次为 2900 次。通过与工作面开采初期冲击能量和次数的比较,发现工作面正常推采阶段,冲击能量峰值和次数均大幅下降。

结合这一时期地表岩层移动观测数据,2008 年以来走向方向观测资料显示,最大下沉速度超过 2.0 mm/d 的次数有 9 次,超过 3.0 mm/d 的次数有 3 次,最大下沉速度达到过 3.7 mm/d。全年出现多次较大的反弹现象,反弹出现后,紧接着便是以较大速度的下沉。3 月 1 日至 3 月 12 日反弹速度为 -2.2 mm/d,然后 3 月 12 日至 3 月 21 日地表下沉速度达到 3.3 mm/d;5 月 17 日至 5 月 23 日反弹速度 -2.1 mm/d,紧接着 5 月 23 日至 5 月 30 日地表下沉速度 3.7 mm/d,为全年走向线观测到的最大下沉速度;7 月 4 日至 7 月 11 日地表反弹速度 -0.9 mm/d,7 月 11 日至 7 月 19 日地表下沉速度 2.2 mm/d;9 月 15 日至 9

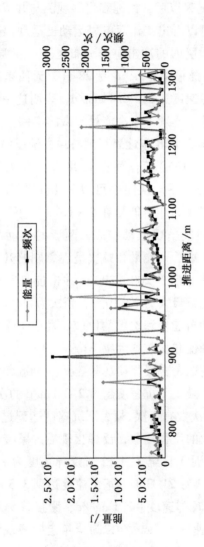

图 6-9 1410 工作面 2008 年工作面冲击能量与频次

月 22 日出现反弹，速度 -1.8 mm/d，随后地表开始下沉，9
月 22 日至 9 月 28 日下沉速度为 2.0 mm/d；11 月 10 日至 11
月 16 日地表出现反弹现象，反弹速度 -1.0 mm/d，随后地表
下沉，11 月 16 日至 11 月 21 日下沉速度为 2.1 mm/d。地表移
动呈现一定的规律性，地表每 50 ~ 70 d 出现一次反弹现象，反
弹现象大约持续一周；随后地表急剧下沉，下沉速度较平常有
大幅度的增加。

根据 1410 工作面的推进距离，5 月 20 日工作面推进到
980 m 附近，11 月 18 日工作面推进到 1288 m，这两次地表出
现反弹时期正值工作面冲击能量和频次的峰值区，虽未发生大
的冲击地压显现，但是微震事件释放的冲击能量较大，次数较
多，上覆岩层中积聚的大量弹性能在这一时期集中释放。随后
有较长时间微震事件处于低发期，上覆岩层运动较为缓和，此
时能量逐渐在岩层中得到积聚，等待下一次的集中释放。

6.4　本章小结

本章根据华丰煤矿地质条件、覆岩结构特点及冲击地压显
现规律，结合地表岩层移动观测数据，研究了 1407 - 08 工作
面、1409 工作面、1410 工作面等工作面地表移动与井下冲击
地压发生的相关性，结论如下：

（1）砾岩运动是砾岩底部离层平衡系统失稳垮落的结果，
是华丰煤矿特有的覆岩运动形式。根据地表观测，发现砾岩运
动具有周期性，可划分为 5 个阶段：初始运动阶段、相对稳定
阶段、显著运动阶段、剧烈运动阶段和运动衰减阶段。结合井
下冲击地压的显现情况，得出了砾岩运动周期内冲击地压的发
生规律。

（2）华丰煤矿对地表移动进行了连续观测，根据测点、测

线的布置及观测结果，得出华丰煤矿地表移动的规律，连续性移动变形出现明显的"集中"与"滞缓"现象，在下沉盆地外边界出现反弹抬高的现象，同时出现非连续性的地表斑裂现象。

（3）根据 1407－08 工作面、1409 工作面、1410 工作面地表岩层移动观测结果和井下冲击地压事件的统计，发现地表下沉、反弹与冲击地压的发生具有某种对应关系，当地表下沉速度急剧变化，下沉与反弹频繁交替时，井下冲击地压发生次数多，能量大，尤其是在地表出现反弹现象时井下极易发生严重的冲击地压灾害。根据这一现象，可以将地表反弹作为预测预报冲击地压发生的辅助手段。

7 深井覆岩离层注浆充填的作用及效果

7.1 离层注浆充填的作用机理

7.1.1 离层内浆体分布形态

离层裂缝是一个动态的延展过程，同时浆液在离层裂缝中的流动速度与浆液中颗粒的推进速度是不相同的，固体颗粒（如粉煤灰）在离层裂缝中发生沉淀时，泵动浆液仍然沿裂缝向前流动并随着裂缝向前延伸，固体颗粒也被带入新扩展的离层裂缝地区，离层裂缝注浆如图 7 - 1 所示。

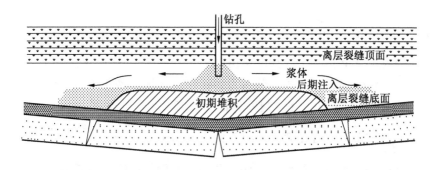

图 7 - 1 离层裂缝注浆颗粒分布示意图

当灰尘堆积到注浆钻孔孔底后，注浆钻孔孔底的灰尘将堆积成形态，钻孔孔底出现冲击坑，冲击坑周围是灰尘堆积台，灰尘层面沿走向形成一定的坡度线。注浆浆液沿走向流动，流动阻力随流动距离的加长而逐渐增大。当岩层发生周期性沉降，离层缝逐渐被压缩时，浆液流动阻力会随之急增，最终阻力大于正常注浆压力。离层内灰尘的沉积过程：在倾斜断面上首先沉积于倾斜方向一侧，随注浆量的增加，沉积灰尘逐渐增厚；在离层层面上首先沉积于倾斜方向一侧呈条带状，随注浆量的增加，条带状沉积灰尘逐渐加宽；注浆结束后，离层内沉积灰尘的空间几何形态与离层空间形态近似，即呈上凹下凸的透镜状。

7.1.2　覆岩离层注浆受力模型

在离层形成过程中，覆岩离层的上位岩层受到的均布载荷为 q。如果上位岩层两端未断裂，按固支梁计算的最大挠度为 $y_{max} = \dfrac{ql^4}{32Eh^2}$；如果上位岩层两端部已断裂，按简支梁计算的最大挠度为 $y_{max} = \dfrac{5ql^4}{32Eh^2}$。如果无外力对上位岩层进行支撑，理论上它将弯曲沉降到最大值。

在进行离层注浆，离层空间内承压浆液的压力作用方向主要是向上和向下，离层注浆时岩梁受力如图 7-2 所示。

注浆时，由于受注浆压力的作用，承压浆液给上位岩梁一个均布支承力，此时按固支梁计算的最大挠度为 $y'_{max} = \dfrac{(q-p)l^4}{32Eh^2}$；按简支梁计算的最大挠度为 $y'_{max} = \dfrac{5(q-p)l^4}{32Eh^2}$。与不注浆的岩梁最大挠度比，注浆条件下岩梁的挠度明显变小。

覆岩变形规律受到注浆压力的力学作用和灰体的充填作用，覆岩变形破坏规律则有很大不同。

7.1.3　离层注浆的作用

根据离层注浆条件下岩梁的受力情况，可以得知离层注浆

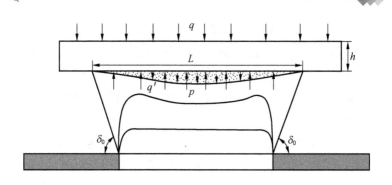

q—岩梁上的载荷密度；p—浆体的支撑力；q'—浆体对下位岩层的压应力

图 7 - 2 离层注浆时岩梁受力示意图

的作用主要有支撑上位岩层、压实下位岩层、扩展离层空间的作用。

离层内承压浆液向上的液压力对离层上部岩层起到支托作用。当注浆浆液充满钻孔时，浆液的支托力能够支托起相当于二分之一离层高度的岩层重量。那么，可以得出：在连续高压大流量注浆条件下，承压浆液的支托力能够有效地阻止其上部岩层产生离层和下沉。

离层内的承压浆液，对其下部岩层也施加着同样大小的压应力。下部垮落带和断裂带内的岩层已经断裂，下部岩层的抗弯能力较小。与不注浆时相比，在承压浆液高应力的作用下，离层下部各岩层将很快被压实。这样，会使正在注浆的离层缝宽度进一步扩大。承压浆液向下的压应力，由于三个方面的原因，其压实作用会十分突出：一是承压浆液的压应力值大；二是下部断裂岩层抗弯能力很小；三是压应力载荷属于应力边界条件，不会因下部岩层的压实而变化，该压应力载荷会随下部岩层的压缩下沉始终"跟进"并保持不变。

同时，承压浆液对离层缝边缘有一定的扩展作用，即在该压力作用的推动下，离层缝边缘将被撑开。与不注浆时相比，在承压浆液的作用下，离层缝扩展速度更快、扩展范围更大。承压浆液的液压力始终在撑裂或撕裂岩层层面，始终在扩展离层的面积。

离层注浆控制上覆岩层运动，离层注浆的主要作用[161,162]：①灰体充填支撑，就是粉煤灰浆液在沉淀压实后形成的灰体起到支撑覆岩的作用；②浆体（水体）充填，就是浆液（及其中的水）在封闭的空间里是不可压缩的，能起到支撑覆岩的作用，保证覆岩长期稳定的作用；③软岩膨胀，就是利用较软岩层（如泥岩、砂泥岩等）中的黏土质成分遇水崩解膨胀的特性，充填离层空隙，从而起到支撑覆岩的作用。实际上，离层注浆对上覆岩层的支撑控制作用不是单一机理作用的结果，而是多种机理共同作用的结果。

7.2 离层注浆充填工艺及关键技术

7.2.1 离层及钻孔位置的确定

覆岩的离层位置、离层发育程度和离层范围的精确掌控有助于确定注浆孔位置和钻孔深度，它是注浆起始时间和注浆量确定的主要依据，对于实施注浆充填离层带，有效控制上覆岩层运动，进而有效防治冲击地压具有重要意义[163]。

根据理论研究、室内试验与现场经验，注浆孔的扩散半径一般在300 m左右，但考虑到实际充填效果，并经很多矿井现场调查得知：一般注浆半径多为沿煤层走向160~250 m、沿煤层倾向130~200 m。对于近水平煤系地层，离层注浆孔一般布置在沿倾斜方向的中央，沿煤层走向方向孔距为300~500 m；对于倾角较大的煤系地层，钻孔应布置在采区偏上山方向且预测离层发育高度最大的位置，沿煤层走向方向孔距为 200 ~ 400 m，注浆时浆液就会先充填下山部分离层空间，进而充填盆地中心。

为了进一步控制矿井北区开采后相应区域地表变形，华丰煤矿在 1612 工作面、1411 工作面、1613 工作面、1412 工作面继续实施离层注浆减沉工程。尤其是为了保护井田北区的鲁里大桥，在 1412 工作面东部靠近 1411 工作面位置，即在井田东部，鲁里大桥以南新布置 3 个注浆钻孔 10 - 1、10 - 2、10 - 3，钻孔位置如图 7 - 3 所示。离层注浆剖面及钻孔倾斜位置如图 7 - 4 所示。

10 - 1 注浆孔平面投影上东距鲁里桥倾向线约 260 m，北距鲁里桥 510 m，西距南梁父桥 88 m，南距 1612 工作面下平巷 34 m、1411 工作面下平巷 130 m；10 - 2 注浆孔平面投影上北距主桥 470 m，西距南梁父桥 360 m，南距 1612 工作面下平巷 32 m，南距 1411 工作面下平巷 127 m；10 - 3 注浆孔平面投影上北距鲁里桥 630 m，西距南梁父桥主桥 210 m，南距 1612 工作面下平巷 80 m，南距 1411 下平巷 40 m。

以 10 - 2 注浆孔为例说明注浆孔钻进与注浆情况。10 - 2 孔自 2010 年 6 月 1 日开始施工，钻孔以 ϕ246 mm 孔径开孔，ϕ219 mm 孔口管下至稳固基岩 18 m，然后换 ϕ127 mm 进行钻进，随后对 600 ~ 649 m 段取芯钻进，确定自 648 m 时下 DZ - 40 套管，用 425 号水泥浆进行封孔，钻探及封孔过程共用水泥 50 t。然后进行打压试验，压力 12 MPa 持续 40 min 孔口不漏水。最后换 ϕ89 mm 进行无芯钻进，至 801.1 m 时终孔。钻孔测斜，偏斜率 0.56%。10 - 2 注浆孔于 2010 年 11 月投入使用，开始时井口压力较高不适合注浆，后通过两个月的注水冲孔，孔口压力降到 1 MPa 以下，该孔于 2011 年 1 月开始注浆，

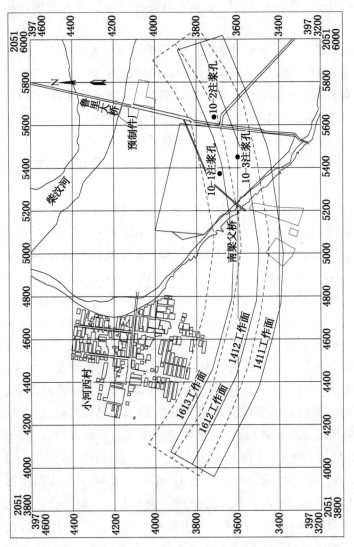

图 7-3 新增注浆钻孔位置

每天注浆量为 560 m^3/d，注浆浓度 30% 。

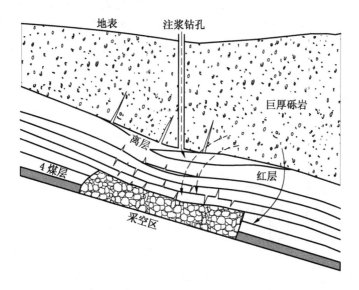

图 7-4　离层注浆剖面及钻孔倾斜位置图

7.2.2　钻孔结构及施工要求

1. 钻孔结构

钻孔的结构是指钻孔由地面开孔至整个注浆深度的换径和孔径变化。它主要根据地层条件、注浆管直径和注浆方式确定，为方便施工，钻孔结构力求简单，变径次数要少。钻孔结构如图 7-5 所示。

2. 钻孔施工要求

实践证明，钻孔的施工质量是注浆减沉工程能否成功的关键。钻孔在施工过程中要求进行简易的水文地质观测，并要求物探测井，严格控制钻孔偏斜率，注浆深度在 500 m 以内，钻孔的偏斜率应小于 0.8%；注浆深度超过 500 m，孔斜率应小

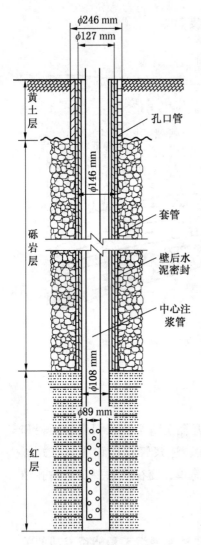

图 7-5 注浆钻孔结构示意图

于 1%。

套管的固结同样是工程的关键，套管与孔壁之间需用速凝灰浆封闭止水，养护后进行水压试验，检查固结质量。如发现漏水，应再次进行固结，达到注浆终压不产生窜漏现象为止。这样就可以避免注浆过程中浆液向设计离层层位以上岩层跑浆，造成浪费和影响注浆效果。

7.2.3 注浆材料

覆岩离层带注浆充填减少地面沉陷技术的基本特征就是通过地面钻孔向覆岩离层中注入某种介质，使介质起到抑制覆岩运动的作用。由于需要注入的量很大，因此充填材料的选择必须满足既来源广泛又不需再加工或只进行简单加工就可采用的要求，而且注浆浆液应具有一定的密度、黏度及扩散性，并能保持一定的 pH 值的特点。而矿井排出的矸石只要将其制成具有一定粒度要求的粉末，再加某些其他成分，便有可能作为充填的材料。另外，我们注意到，粉煤灰是电厂影响环境的一大公害，它的化学成分中含有大量的 SiO_2、Al_2O_3 和 Fe_2O_3，三者的总和占总量的 90% 以上，其固结后具有一定的强度，把它注入离层带可以起到充填支撑的作用，而且几乎每个矿区都有电厂，材料选择方便、成本低。

鉴于上述原因，在进行注浆材料比较、选择时除考虑它具有取材容易、价格低廉等特点外，还注重于这种材料充填离层带后的扩散性和充填效果的稳定性。

研究发现，以往注浆材料主要是电厂粉煤灰和灰体积 $2 \sim 4$ 倍的水，这种材料失水较快，扩散半径较小，同时由于水的流动性强，使注浆量加大。因此，我们在研究粉煤灰注浆的基础上，研究了矸石、黏土、粉煤灰等多种注浆材料。

7.2.4　注浆系统及设施

1. 注浆系统

矿热电厂建有粉煤灰浆池，用渣浆泵把粉煤灰浆排至注浆站贮浆池，由潜污泵把浆排至搅拌池，通过充分的搅拌后由高压泥浆泵通过管汇和输浆管路排到注浆钻孔，注浆系统图如图 $7 - 6$ 所示。

2. 注浆站及主要设备

1）注浆站

注浆站是造浆和压送浆液的地方，它的布置及面积大小主要与设备的型号、数量及选用的注浆材料等有关。注浆站内的主要设备有注浆泵、搅拌机、压风机、计量仪表、管路、供电系统及搅拌池等。站内设备应按使用的目的布置整齐、紧凑，便于操作和维修。注浆站尽量靠近注浆点，做到输浆管路短，弯曲少，以减少输浆管路和压头损失。

2）注浆设备

注浆系统的主要大型设备是高压注浆泵，华丰煤矿 2011

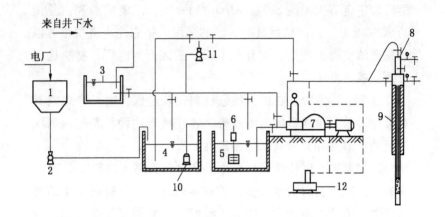

1—贮灰池；2—灰浆池；3—矸石山清水池；4—蓄水池；5—搅拌池；

6—搅拌机；7—高压泥浆泵；8—孔口装置；9—注浆钻孔；

10—潜水泵；11—清水泵；12—压风机

图 7-6　注浆系统图

年对地面注浆设备进行更新，投资 84 万元更换两台新型注浆泵，选用兰州西宝石油机械设备有限公司生产的 3DZB-80/35 注浆泵，3DZB-80/35 注浆泵的性能参数见表 7-1。

表 7-1　3DZB-80/35 注浆泵性能参数

变速箱档次	I	II	III	IV	V
泵冲次/min^{-1}	40	68.8	111.8	163.8	240
压力/MPa	24	14	8.6	5.88	4
理论排量/(m^3·h^{-1})	13.4	23.1	37	55	80
泵水功率/kW	90	柱塞直径/mm		115	
电动机型号	Y315M-4	同步转速/(r·min^{-1})		1500	
功率	132 kW	工作转速/(r·min^{-1})		1480	

注浆泵主要由电动机、变速器、万向传动轴、三缸柱塞泵、吸入管系、排出管系、灌注泵系统及操纵控制系统等组成，其工作原理为三缸柱塞泵通过灌注泵的清水预灌注后靠自身吸入管系从池中吸入需泵注的介质，升压后通过排出管系注入作业管道中。注浆泵外形尺寸（长×宽×高）为5000 mm×2100 mm×1800 mm，注浆泵外形如图7-7所示。

图7-7 注浆泵外观

其他为常用的机械设备和电气设备，注浆系统设备详见表7-2。

表7-2 注浆系统设备

序号	装备名称	规格型号	单位	数量
1	输浆管2趟	DZϕ73×6	m	5200
2	高压注浆泵	3DZB-80/35	台	2
3	泥浆泵	自制	台	2

表7-2（续）

序号	装备名称	规格型号	单位	数量
4	压风机	2VF-6/7	台	1
		W-1.0/7	台	1
		Z-0.08/7	台	2
5	潜污泵	BQXY-2.2	台	2
6	注水泵	XPB-230/55	台	2
7	离心清水泵	D25-50×6	台	1
8	启动器	XJ01-150	台	2
		XJ01-150	台	2
9	变压器	ST-315/6	台	2
10	高压开关柜	GKW-1	台	2
11	低压配电屏	BLS-10-PB	台	1
		BLS-10-04	块	2
		BLS-10-12B	块	2
		BLS-10-02N	块	1
		BLS-10-04G	块	1
12	井口装置	KY250/65	台	4
13	管汇	WS-250	组	2
14	电磁流量计	LDZ-4A	台	2

7.2.5 注浆作业

1. 设备的调试

注浆设备及管路系统安装后应进行试运转的检查工作，以防发生故障。一般检查的主要内容：注浆泵、管路系统、井口装置能否满足最大压力和最大流量的要求；调节泵量、泵压的装置是否灵活、可靠；计量泵液的装置和仪器是否正常好用；搅拌机、放浆阀、压风机等设施能否正常工作，满足连续注浆的要求。

在注浆前，对注浆泵和输浆管路系统的耐压试验，是保证工程系统安全运转和使用的重要措施。耐压试验时一般应使压力逐渐上升到稍大于最大注浆压力。检查注浆泵有无异常响声，整个系统有无漏油、漏水现象，若发现异常或漏油、漏水要及时处理，以保证注浆系统的正常运行。

2. 注浆施工

合理设计、严格控制、认真操作是离层带注浆充填减沉的关键。根据现场的注浆情况，一般注浆过程可分为以下 4 个阶段。

1) 预压裂阶段

在受开采影响前，向地层超前高压注水，水力克服地层压力，层面抗张强度和流动阻力压裂地层层面，压力水向压裂面上下地层渗透。此时泵压较大，而泵量较小。

2) 注入量增大阶段

随着井下工作面的推进，压裂层面区离层逐渐发展，注入量随之增大。此时，泵压力波动比较明显，甚至孔口无泵压灌注。这个阶段是注浆工程的关键，应尽量加大泵的排浆量，同时提高浆液的水灰比，以达到最大限度的充填作用。

3) 注入量减少阶段

一般当采煤工作面超过注浆钻孔一定距离后（通常是 150 ~ 240 m），离层跨度较大，注浆压力逐渐增加，相应泵排量减少。

4) 注浆结束阶段

注浆孔结束注浆的标准，主要可用三个指标来衡量：①总注浆量达到或超过了设计的注浆量；②最终压入量；③达到注浆终压并要有一定的延续时间。

注浆施工过程中，要经常观测和检查排浆量和注浆压力的变化情况，以便随时分析、判断井下离层裂缝充填效果，随时调节泵量和泵压，要及时按设计配比搅拌制浆，保证连续供浆，满足注入量的要求。

3. 事故处理和预防

离层充填注浆施工过程中经常会遇到各种问题或事故，如果处理不当，往往延误注浆工期或影响注浆效果。所以发生问题和产生事故后，要查明原因采取措施，及时处理。

1）堵塞事故

当泵压及孔口压力均出现大幅度的上升，泵压量大幅度下降时，可能是注浆管等发生堵塞，此时应分析原因并及时处理，以保证注浆工作正常进行。至于注浆过程中由于局部裂缝或离层被堵塞而引起的压力升高，是一种假象。随着压力的升高、注入量加大，通道会被冲开，压力下降，这是注浆中的正常现象。

为预防堵塞事故，在注浆过程中，拌制的灰浆经过过滤以后，方能放入吸浆池中；同时在每次注浆结束后，要用清水冲孔；在冬季还要及时用压风机吹通管路，以防冻结。平时要及时观测注浆压力和吸浆量的变化情况，一遇事故立即改用备用设备或压注清水洗孔，防止全系统的堵塞。

2）跑浆事故

注浆过程中如发生非离层裂隙跑浆，不仅会增大浆液消耗量，而且影响注浆效果。在注浆充填过程中，因为覆岩离层空隙的发育变化，要想从泵压和泵量来分析、判断是否发生跑浆事故是困难的。如果跑浆的位置靠近地表，则有可能发生地表冒浆，此时应查明原因，区别对待，可考虑采用调整浆液配比、减少注浆压力、间隙注浆，必要时采取封堵等措施。

7.2.6 注浆量

随着覆岩运动发展和离层裂缝变化，实际注浆泵可压入的浆液量在不同的时期相差很大。特别是在地表移动变形的活跃期，应加大注浆量，同时提高浆液含固体颗粒的比重，以保证取得最大的工程效果。各钻孔注浆情况统计见表7-3。

10-2号注浆孔于2010年11月投入使用，当时孔口压力为5 MPa，孔口压力高不适合注浆。通过两个月的注水冲孔，孔口压力降到1 MPa以下，该孔于2011年1月开始注浆，每天注浆量为560 m³，注浆浓度30%。

7.2.7 注浆压力及注浆范围

1. 注浆压力

据实际资料分析，实际临界破裂压力 p_b 在6~10 MPa之间，华丰煤矿岩层临界破裂压力为6~7 MPa。

压裂裂缝形成以后，再继续对压裂点实施加压灌浆，若浆液注入量等于地层虑失量加上延伸裂缝体积的压裂液量，裂缝就会扩展延伸。使裂缝扩展延伸的压力称为延伸压力 p_r，在开采影响条件下，沿层面裂缝产生分离，从理论上讲此时离层裂缝扩展压力 $p_r = 0$。但事实上，由于注浆通道的阻力，要保持一定的注浆量（根据减沉要求而定），就需要一定的泵压。

在注浆实施过程中，各注浆孔的孔口压力都有所变化，这种变化与工作面上覆岩层离层发育及注浆量有着密切的关系，通过1号注浆孔在工作面开采期间孔压变化的全过程跟踪监测，得出如下规律：各注浆孔均能超前注浆说明了采动离层的客观存在，并且离层的发育范围比采空区范围大；当工作面距注浆孔约120~150 m时，孔口压力开始缓慢下降，说明孔底已有超前离层发育或者是孔底压裂隙已与采动离层贯通；当工作面采过注浆孔50~80 m时，孔口压力呈明显下降趋势，说

表 7 - 3　离层带注浆量统计表

孔号	93 - 1	94 - 1	95 - 1	95 - 2	98 - 1	01 - 1	01 - 2	04 - 1	04 - 2	05 - 1	05 - 2	10 - 2
日期	1994 年 4 月至 1995 年 6 月	1995 年 1 月至 2000 年 6 月	1996 年 3 月至 1999 年 6 月	1995 年 7 月至 1998 年 6 月	1998 年 8 月至 2001 年 7 月	2001 年 8 月至 2002 年 9 月	2002 年 9 月至 2004 年 6 月	2004 年 6 月至 2006 年 1 月	2006 年 8 月至 2007 年 8 月	2005 年 6 月至 2008 年 6 月	2008 年 8 月至 2010 年 5 月	2011 年 1 月至今
注浆量/ m^3	51887	799000	306000	74517	198000	96000	152000	418000	192000	120000	82000	326000
注浆浓度/ %	20	25	20	16	18	20	20	30	30	30	25	30
固体量/ 10^4 t	1.038	12.2	2.96	1.1	3.56	1.92	3.04	12.54	5.7	3.6	2.5	9.62
总注浆量/ m^3							1998900					
总固体量/ 10^4 t							59.778					

明孔位离层已发育良好，浆液流向离层的通道畅通；当工作面采过注浆孔约 120 m 时，孔口压力降至最低孔压 1.2 ~ 2 MPa，最低压力一般持续时间为 150 ~ 180 d，此时离层充分发育，是注浆的有利时机，应加大注浆量；孔口压力显著降低均发生在工作面采过钻孔 60 ~ 80 m 以后，最低压力发生在工作面采过钻孔 120 ~ 240 m 之间；当工作面采过注浆孔约 300 m 后，孔口压力开始明显上升，并逐渐接近初注压力（3.8 ~ 4 MPa），说明离层已趋于闭合稳定。

通过 2 号注浆孔在工作面开采期间孔压的变化，同样可以了解离层注浆的进度。2 号孔开始注水时，孔口压力为 6 ~ 7 MPa，该压力持续近 5 个月；工作面开采距注浆孔约 100 m 后孔口压力降至 4.5 ~ 5.0 MPa，说明孔底已有超前离层开始发育；到工作面采过钻孔 60 m 时，孔口压力降到 3.9 MPa，说明离层进一步发育，应加大注浆量；当工作面采过钻孔 220 m 时，压力降至 3.1 MPa，离层发育过程良好；当采面采过钻孔 240 m 时，压力突然降至 1.6 MPa，说明离层已充分发育，浆液流向离层的通道突然畅通，此时需加大注浆量。

在注浆实施过程中，各注浆孔的孔口压力都有所变化，这种变化与工作面上覆岩层离层发育及注浆量有着密切的关系，通过 94 - 1 号注浆孔在工作面开采期间孔压变化的全过程跟踪监测，可以得出：各注浆孔均能超前注浆说明了采动离层的客观存在，并且离层的发育范围比采空区范围大；当工作面开采距注浆孔约 120 ~ 150 m 时，孔口压力开始缓慢下降，说明孔底已有超前离层发育或者是孔底压裂隙已与采动离层沟通；当工作面采过注浆孔 50 ~ 80 m 时，孔口压力呈明显下降趋势，说明孔位离层已发育良好，浆液流向离层的通道畅通；当工作面采过注浆孔约 120 m 时，孔口压力降至最低孔压 1.2 ~

2 MPa，最低压力一般持续时间为 150～180 d，此时离层充分发育，是注浆的有利时机，应加大注浆量；井口压力显著降低均发生在工作面采过钻孔 60～80 m 以后，最低压力发生在工作面采过钻孔 120～240 m 之间；当工作面采过注浆孔约 300 m后，孔口压力开始明显上升，并逐渐接近初注压力（3.8～4 MPa），说明离层已趋于闭合稳定。

2. 注浆范围

随离层裂缝面积增加，当滤失量等于注入量时，离层注浆范围便停止延伸。实际离层裂缝是一个动态的延展过程，同时浆液在离层裂缝中的流动速度与浆液中颗粒的推进速度是不相同的，固体颗粒（如粉煤灰）在离层裂缝中发生沉淀时，泵动浆液仍然沿裂缝向前流动并随着裂缝向前延伸，固体颗粒也被带入新扩展的离层裂缝地区。覆岩离层裂缝的注浆范围应是覆岩离层性、浆液性质、注浆压力和注浆时间等因素的函数。华丰煤矿单孔的注浆范围：沿煤层走向 254 m；沿煤层倾向148 m。

7.3 离层注浆充填对地表移动变形的控制效果

7.3.1 离层高压充填效果的地球物理勘探

1. 地震勘探测试

为确定华丰煤矿一采区砾岩层底部离层注浆充填后地质变化情况，对该地区的地质情况进行地球物理勘探，以探测华丰煤矿一采区 4 层煤开采后上覆岩层变化情况，为下一步减沉工程提供依据。地震勘探是通过研究人工激发的地震波在地下介质中的传播规律来解决地质问题的方法。地震勘探以反射法为主，采用 6 次覆盖观测系统。激发震源为钻孔人工爆破，用 24道地震仪接收，共设 2 条测线。测线 1 为南北方向，与地层倾向方向相近，测线 2 为东西方向与地层走向方向相近，勘探长度 400 m。经处理得到的地震剖面如图 7 - 8、图 7 - 9 所示。

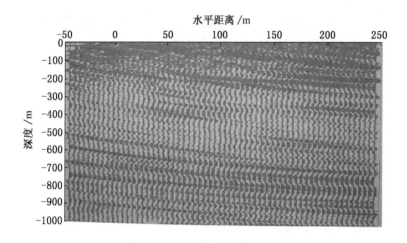

图 7 - 8　测线 1 地震反射剖面图

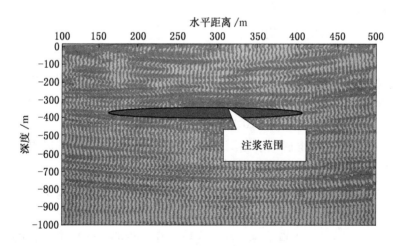

图 7 - 9　测线 2 地震反射剖面图

从这两条地震剖面可以得出如下结果：

（1）南北向地层南高北低，倾角约22°，东西向地层总体上为水平层。

（2）砾岩层上部和煤系地层以下反射较强，而砾岩互层与红层部位则反射相对较弱。

（3）南北向的层面连续性较好，而东西向的层面连续性稍差。

（4）煤系地层以下层面完整。

（5）砾岩层并不完整，其内部层面很多而且起伏不平。

（6）东西向剖面上，地面变形较为严重的房屋所在的175 m处明显可见砾岩层浅部存在一个层面不连续部位。

（7）在南北剖面的红层及砾岩互层所在的深度上，在水平位置130 m附近可以看到南北两边的地层有较为明显的差异，北边地层比较稳定而南边地层比较凌乱。

（8）测线2地震反射剖面垂深480 m左右可明显看出岩层离层范围及离层注浆充填后的情形，注浆以水平距离300 m处为中心，扩散范围约240 m。

2. 天然电磁辐射测深

为了进一步了解覆岩离层注浆充填情况，对注浆后的地层进行天然电磁辐射测深，测线为南北向（煤层倾向）测线和东西向测线（煤层走向），测点共16个，观测深度400～800 m。

探测结果如图7-10、图7-11所示。

根据天然电磁辐射测深对地层所做的勘探结果，可以得出如下结论：

（1）砾岩层下部层面较多而且起伏不平，砾岩层面由南向北倾角约为22°。

（2）由于实施了离层注浆充填，在勘探的目的层未见大面积的离层空隙存在，但在局部范围内实测存在高阻薄层，厚度

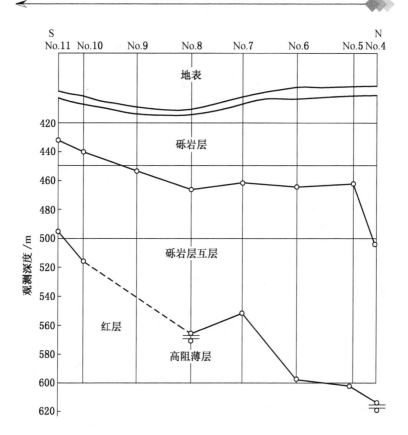

图 7-10 天然电磁辐射测深探测结果（南北向测线）

约为 1~2 m。

（3）南北勘探线水平位置 130 m 南侧砾岩地层比较凌乱，而北侧地层比较稳定、完整，反映了北侧地层离层注浆充填支撑的效果是明显的。

7.3.2 高压充填对地表移动的影响

1. 高压充填对地表下沉系数的影响

1）不注浆开采条件下的下沉系数

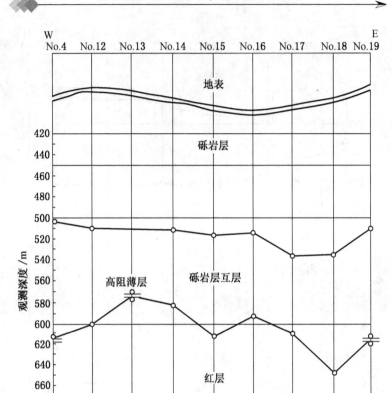

图 7-11 天然电磁辐射测深探测结果（东西向测线）

下沉系数是指工作面达到充分采动时，地表最大下沉值与煤层法线采厚在铅垂方向分量的比值，由于华丰煤矿的采煤工作面走向长倾向短，在开采下一个工作面时，其上一工作面的最大下沉点继续下沉，最大下沉点的位置也继续向下偏移。2001 年 2 月通过测量整个井田已经稳定的盆地中心标高与

1984 年航测图标高相比，求得不注浆开采条件下的下沉系数为 $q_0 = 0.61$。

2）注浆开采条件下的下沉系数与减沉率

1407 - 08 工作面走向长 1050 m，倾斜长 290 m，1995 年 1 月初采上分层，1999 年 11 月下分层回采结束。

1994 年 12 月—2001 年 2 月实测倾向主断面最大下沉值 2670 mm，减去 1406 工作面以上工作面的影响下沉值 410 mm，得最大下沉值 2230 mm，求得注浆条件下地表下沉系数为

$$q_1 = W/m \times \cos\alpha = 2230/7400 \times \cos 30° = 0.35$$

减沉率为

$$(0.61 - 0.35)/0.61 = 42\%$$

但随着 1609 - 10 工作面、1409 工作面的开采，1407 - 08 工作面的最大下沉点继续下沉，2005 年 9 月观测值为 3170 mm，1407 - 08 工作面影响下沉值为 3160 - 410 = 2760 mm，据此计算注浆条件下，求得下沉系数为

$$q_2 = 2760/7400 \times \cos 30° = 0.43$$

减沉率为

$$(0.61 - 0.43)/0.61 = 29\%$$

南梁父村南 7 号岩移观测点以北地表实测注浆开采影响的下沉量与预测的正常开采条件下的下沉量相比较，减沉率为 37.7% ~ 81%，见表 7 - 4。

表 7 - 4　南梁父村南测点岩移观测值

倾向点号	7 号	1 号	A_3 号	A_2 号	A_1 号
预计下沉量/m	2.150	1.460	1.040	0.763	0.380
实测下沉量/m	1.339	0.629	0.317	0.145	0.094
减沉率/%	37.7	57	70	81	75

2. 地表下沉速度

地表下沉速度明显降低，各观测站地表最大下沉速度见表 7-5。1407-08 面注浆开采实测最大下沉速度为 2.37 mm/d，比正常开采减少 42% 。

表 7-5　各观测站地表最大下沉速度

测 站 名 称	1405 观测站	1406 观测站	2406 观测站	1407-08 观测站
最大下沉速度/$(mm \cdot d^{-1})$	4.05	4.09	4.14	2.37

通过分析，4 煤层开采地表最大下沉速度的经验公式为

正常开采：

$$V_{max} = 6.266 \frac{c \cdot m \cdot D \cdot \cos\alpha}{H_0} (mm/d)$$

注浆开采：

$$V_{max} = 4.02 \frac{c \cdot m \cdot D \cdot \cos\alpha}{H_0} (mm/d)$$

式中　　m——开采厚度，m；

　　　　D——工作面斜长，m；

　　　　α——煤层倾角；

　　　　H_0——平均开采深度，m；

　　　　c——工作面推进速度。

3. 主要影响范围变化

注浆充填离层带开采地表下山方向主要影响范围明显变小，$\tan\beta = 3.5$ 比正常开采（$\tan\beta = 2.5$）增大 40% 。主要影响范围长度减少 107 m。

4. 地表变化情况

下山方向外边缘地表水平变形明显减弱，1407-08 工作面

开采后地表出现的斑裂现象明显减弱。

7.3.3　地表斑裂的监测和治理

华丰煤矿井田范围开采引起的地表斑裂缝对土地及地表建（构）筑物产生了严重危害，同时对道路交通、农田灌溉及人畜安全带来了影响，矿井数年来一直对地表移动变形的斑裂进行不间断的监测和治理。

（1）在地表受开采影响前，采用地球物理的方法测试浅层砾岩的隐伏裂缝。

（2）在地表受采动影响过程中，监测地表水平变形值，较大地段斑裂发生、发展以及正确预测较大斑裂缝产生的位置。

本次地面隐伏斑裂位置与发育情况的监测拟采用密度电阻率断面探测法进行监测，该仪器是基于垂向直流电测深与电测断面法两个原理的基础上，通过高密度电法测量系统中的软件，控制着在同一条多芯电缆上布结的多个（60~120）电极，使其自动组成多个垂向测深点或多个不同深度的探测断面，对电极进行相应的排列组合，按照测深点的排列顺序或探测断面的深度顺序，逐点或逐层探测，实现供电和测量电极的自点、自动跑极、自动供电、自动观测、自动记录、自动计算、自动存储。通过软件把探测系统中存储的探测数据调入计算机中，经软件对数据处理后，可自成各测深点曲线及各断面层或整体的电断面的图像。

监测的目的主要是确定4煤层和6煤层开采时鲁里桥附近地表斑裂尤其是隐伏斑裂与开采工作面的时空关系，并据此预测影响鲁里桥斑裂产生的位置和时间。因此，与鲁里桥平行即与斑裂线近垂直方向设置3条测线，沿着1612工作面、1411工作面、1613工作面、1412工作面产生斑裂的位置设置4条测线，测线布置如图7-12所示。

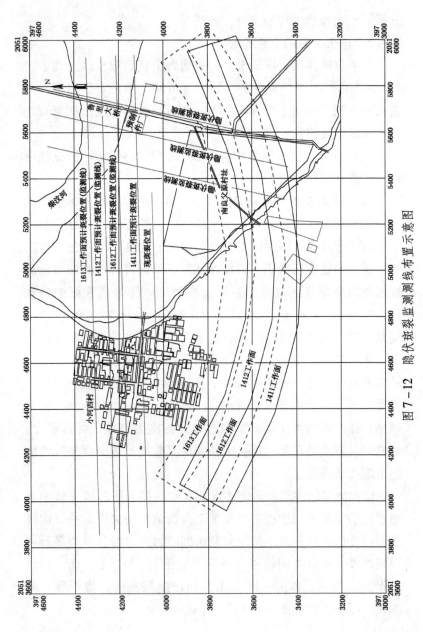

图 7-12　隐伏斑裂监测测线布置示意图

前者确定隐伏斑裂距离工作面的距离,后者确定与工作面推进的关系。监测结果对前期的预计结果进行修正,以保证预计结果的准确性。

　　由于基岩的断裂形成空间,表土层即会下陷,出现较大沉陷坑,给地面耕作、行人及民房住户安全带来极大损害。近年来矿井采用地面浅层注浆技术,共打地面钻孔 50 个,注浆 10 余处,共注入骨料(主要为水泥、电厂灰)约 550 m³,为充填斑裂空间支托表土层,防治表土突然下陷起到了一定积极作用。以下几个为典型的工程实例。

　　(1)由于故城河堤坝发生裂缝,漏水严重,在坝上打了两组共 6 个孔,用泥浆(水泥、水玻璃等)注入封堵,起到了良好的堵漏加固作用。

　　(2)在原南梁父村二户民房下,在中分层开采斑裂活动处,共打孔 8 个,主要采用水泥浆液,注水泥 90 t,试验表明注浆后地表变形未有较大变化,表土未下陷。

　　(3)主要采用电厂灰为骨料,灌注和压注相结合,在原南梁父村内 9 号斑纹处共打孔 10 个,注入骨料 280 m³,通过近几年汛期证明效果较好。

　　对于地表斑裂、塌陷区,华丰煤矿及时的组织实施了回填工程。2011 年,对小河西塌陷区现场查看、实测,回填塌陷区二条斑纹共 1580 m,平均宽 0.9 m,深 5 m,填打工程量 7108.10 m³;对田家院塌陷区回填四条斑纹共 2360 m,平均宽 2.0 m,深 10 m,填打工程量 47183.2 m³;2012 年对田家院塌陷区进行回填,工程量为 35000 m³。回填工程采用附近建筑垃圾配合电厂粉煤灰,并在其上覆盖 0.5 m 原表土进行回填,高度比周围地势高 0.2 m,现场回填地段平整,无积水区域。

7.3.4 开采影响下地面桥梁的保护技术及效果

1. 控制桥梁变形加固技术

为了对桥梁进行保护，华丰煤矿实施了覆岩体内离层高压充填工程及桥梁加固措施。

1）南梁父桥加固技术

华丰煤矿对南梁父桥的加固情况如图 7－13 所示。其中，两端的拱桥采用钢拱圈支顶，简支板桥在跨中砌筑顶柱进行加固。但由于煤层开采对南梁父桥的持续影响及桥梁本身结构的不合理性，并且后继的开采会继续对其产生影响，目前对桥梁采取了限制重载车辆通行的措施，并定期对桥梁进行观测维护。

图 7－13　南梁父桥加固情况

2）鲁里桥加固技术

鲁里桥为钢筋混凝土预制拼装板桥，因受各种因素影响，在运营一定的时间后工作性能不断劣化，不能保障车辆与行人的安全通行[164－166]。故而对其进行全面加固，提高运营能力和安全系数，延迟封桥和重建时间，尽量避免在 1612 工作面、1411 工作面、1613 工作面、1412 工作面生产结束前坍塌破坏,并为后继工作面桥下安全开采提供借鉴,具有重要的社会意义和巨大的经济效益。

对鲁里桥的加固保护主要包括桥梁上部结构(梁板)加固、下部结构(桥墩和盖梁)加固、桥梁基础(钻孔灌注桩基)加固等。

(1)鲁里桥上部结构加固。

根据鲁里桥的实际情况,采用在梁板的底部附加碳纤维复合材料的方法对其上部结构进行加固,这类材料通常由纤维和基体组成,具有强度高、质量轻、耐腐蚀、耐疲劳、易施工等优点,其力学特性为应力应变量呈现完全线弹性,无屈服点或塑性区。为了将呈现出连续纤维状的碳纤维结合成块,同时与混凝土表面进行无缝黏合,在桥梁加固时需要加入由底层涂料、整平材料和浸渍树脂等组成的黏结材料。

上部结构加固受力特点分析:与传统的其他加固方法相比,采用碳纤维布加固旧桥能最低程度的改变原有结构的应力分布,保证在设计荷载范围内与原结构共同受力。

将抗拉性能优良的碳纤维布用黏结材料粘贴到梁体底下面或箱梁内壁上,使其与原结构一起参与受力,即碳纤维布可以与原结构内布置的钢筋一道共同承受拉力,以提高旧桥的承载能力。

沿桥梁的主拉应力方向(或与裂缝正交方向)粘贴碳纤维布,两端分别设置锚固端,据此可约束混凝土表面裂缝、防止裂缝再扩展,从而达到提高构件抗弯刚度、减少构件挠度、改善梁体受力状态的目的。

目前可用于旧桥结构加固用的碳纤维有单向碳纤维布、单向碳纤维交织布、双向碳纤维交织布及单向碳纤维层压材料等,可根据不同的结构部位和受力特性,选择相应的碳纤维布进行加固。

碳纤维布加固混凝土构件，在提高其受弯承载力的同时还可能影响受弯构件的破坏形态。当碳纤维布用量过多时，构件的破坏形态将由碳纤维被拉断引起的破坏转变为混凝土被突然压碎破坏。与此同时，由于碳纤维为完全弹性材料，它与钢筋的共同工作会减弱钢筋塑性性能对构件延性的影响。碳纤维布用量过多，构件延性将有所降低。因此碳纤维布用于钢筋混凝土梁式桥的加固补强时，应根据实际情况合理使用。

由于碳纤维布加固后在最后破坏时的突然性，其承载力极限状态不能按普通钢筋混凝土的定义，一般应按碳纤维抗拉强度的 2/3 进行抗弯承载力计算。

碳纤维布能够提高混凝土梁抗剪承载力，其作用机理与箍筋类似，同时还能明显改善构件的变形性能，增强构件的变形能力。

碳纤维布与混凝土基层界面，可分为两个界面区，即混凝土基层与黏结树脂界面区、黏结树脂与碳纤维布界面区。黏结性能的本质是接触面间的相互作用，宏观上表现为液态聚合物浸润表面后形成的机械锁结，微观上表现为分子扩散后相互缠结作用、或化学键作用、或静电吸引作用，或其复合作用。

（2）鲁里桥下部结构加固。

桥梁下部结构是直接承受上部结构荷载同时将荷载传递给地基的承力结构，其安全性及可靠性非常重要。鲁里桥下部结构为双柱式桥墩，墩上为盖梁，现有桥墩经过近 30 年的运营，其本身已出现一定程度的损伤和病害，再加上超载严重和采动影响，其承载能力无法满足使用安全，需进行加固维修。

桥梁的下部结构为承力结构，在直接承受上部结构荷载的同时，将荷载传递给地基，其安全性及可靠性对桥梁的安全使用非常重要。鲁里桥的下部结构为双柱式桥墩，墩上为盖梁，现有桥墩本身已出现一定程度的损伤，再加上超载严重和采动影响，其承载能力无法满足使用安全，需进行加固维修。

柱式桥墩加固方法主要有如下几种：外包钢加固法、外包纤维加固法、扩大截面加固法。因为工作面回采是逐步推进的，回采的影响和斑裂的形成也是逐渐产生的，通过对盖梁进行加固维修，可以在一定限度内延长桥梁使用时间，推迟封桥时间，产生较大的经济效益。对鲁里桥盖梁的加固可以采用加大截面的方法，如图 7-14 所示，增加桥梁构件的截面和配筋，达到提高桥梁构件的刚度、强度、抗裂性以及稳定性等目的，同时也起到了修补裂缝的目的。增大截面法通过增大构件的截面和配筋，来提高构件的强度、刚度、稳定性和抗裂性，但其承载力的计算受到原结构应力应变的影响。因此，应首先确定加固前构件的实际应力、应变，然后考虑新混凝土与原结构协同工作程度，进行合理计算。

用混凝土加固结构属于二次组合结构，由于新加部分在新增荷载时才开始受力，因此使新加部分的应力应变滞后于原结构，二者不能同时达到应力峰值。当邻近破坏时，新旧结合面会出现拉、压、弯、剪复杂的应力状态，特别是受弯构件结合面的剪应力可能很大，因此，新旧材料是否能够共同工作，关键在于结合面的剪力能否有效传递。新旧材料的差异使得二次组合结构的承载能力比一次整浇结构要低。

（3）鲁里桥基础加固。

鲁里桥桥墩基础形式为钻孔灌注桩，桩顶设横系梁，桥台基础为钻孔灌注桩，桩顶设承台。根据墩台基础的破坏情况，考虑采用旋喷桩加固方法，在承台外周，即先沿基础周边均匀灌注桩，然后再钻透浆砌片石基础，在基础下部施工灌注桩，

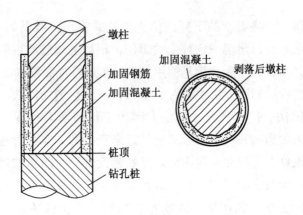

(a) 墩柱

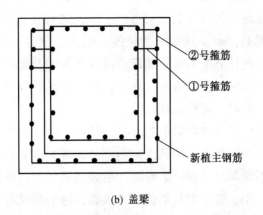

(b) 盖梁

图 7-14 增大截面法加固桥梁下部结构

并在桩头插入粗钢筋，与牵钉连接，然后包打墩身混凝土。桩底坐落在硬质黏土或密实中砂层中，与桩底标高一致。桩长为承台基底以下 8.0 m，承台基底以上 0.5 m。为了保证旋喷桩与承台连接良好，桩头处复喷 1.0 m。每桩桩长为 8.5 m，旋喷灌注长度为 9.5 m。

旋喷桩的主要作用：一是桩基础直接承受上部荷载，减小地基土承受的荷载，相应地提高了地基土的承载力；二是填充地基土及基础中的缝隙和裂缝。旋喷桩灌注过程中，水泥浆及水泥土浆在压力的作用下向四周渗透，硬凝后与土和基础形成一个整体，提高了地基土的密实度和基础的完整性。旋喷桩采用原位灌注的方法，施工完毕后为一圆形孔，里面为稠度较大的水泥土浆液，不存在塌方等问题，因此对地基土的扰动较小。水泥土浆可在 5 h 左右终凝，强度超过土体，这样对地基土承载力的削弱有限，对桥墩几乎不会造成什么影响，因此，施工中可以保持正常的行车，不需中断交通。旋喷桩灌注完毕后，其桩体强度随着时间的增加会逐渐加大，超过土体强度以后就会慢慢产生应力集中，使原地基土承担的荷载慢慢地转移到桩体上，形成二者共同承载的复合地基，起到加固的作用。

另外还需要对桥梁地基（浅层斑裂线）加固。桥梁坐落在岩（土）层地基上，煤层采动对桥梁的影响也是通过地表变形传递到桥梁上的。根据华丰煤矿煤层开采地表移动对鲁里桥损害影响分析，危害最大的地表变形是斑裂隐伏斑裂，而斑裂是在煤层采动的影响下沿着砾岩层的原有弱面逐步发展的。在1612 工作面、1411 工作面、1613 工作面、1412 工作面生产过程中，在鲁里桥地基岩体上钻孔，采用电厂灰作为主要的骨料，灌注和压注相结合，对斑裂缝进行封堵加固，预防斑裂缝在鲁里桥下的扩张，达到加固地基、保护鲁里桥的目的。可见在对斑裂和隐伏斑裂探测和预测基础上，对桥梁地基岩体弱面加固也是可行的。

2. 高压充填对桥梁的保护效果

1）高压充填对南梁父桥的保护效果

南梁父桥自 2007 年 1410 工作面开采以来，出现加速下沉现象，在 2009 年 1—9 月该桥呈现整体下沉现象，而后一段时间桥上测点下沉各异，桥面下沉出现了不均衡现象，桥梁受到了一定的损害，华丰煤矿组织人员对桥梁进行加固并采取了限行措施。1612 工作面和 1411 工作面开采对南梁父桥还有较大影响，考虑到 1612 工作面采动对南梁父桥的主要影响已经过去，目前 1411 工作面的推采位置已经过该桥，开采对南梁父桥的影响更主要体现在地表及桥梁的下沉。华丰煤矿对该区域进行了加强注浆，并在推采期间加强对桥梁的巡视和观测，使得南梁父桥能维持一般农用车辆的通行，桥梁近况如图 7 - 15 所示。

图 7 - 15　南梁父桥近况

2）高压充填对鲁里桥的保护效果

鲁里桥桥面及引桥之上共设有观测点 32 个。在 1410 工作面未开采以前，鲁里桥由于受到 1609 工作面、1610 工作面、1409 工作面的轻微影响，主桥南端下沉约 40 mm。2007 年 6 月，在小河西村内模拟鲁里桥与 1410 工作面的关系设置了一条倾向辅助观测线，该线在走向上东距鲁里桥约 1000 m，南部测点与 1410 工作面下平巷相距 350 m，与 1611 工作面下平巷相距 280 m。根据观测资料分析，该模拟线北部测点最大下沉值平均为 50 mm（距 1410 工作面下平巷以北 900 m 左右），中部测点最大下沉值平均为 150 mm（距 1410 工作面下平巷以北 600 m 左右），南部测点最大下沉值为 591 mm。目前该观测线仍以大小不等的速度继续下沉。鲁里桥 2008 年 2 月—2010 年 2 月实测下沉曲线如图 7-16 所示。

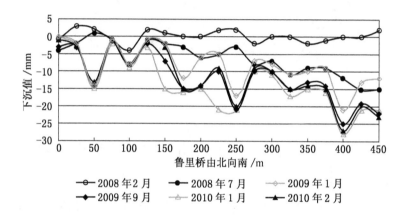

图 7-16 鲁里桥实测下沉曲线

鲁里桥是柴汶河上连通泰安市与附近区县的重要桥梁，为了保护鲁里桥，控制相关区域地表变形，根据区域内 1612 工作面、1411 工作面、1613 工作面、1412 工作面的具体情况，于 2010 年 3 月开始在鲁里桥以南新布置 3 个注浆钻孔 10-1、10-2、10-3。预计 1410 工作面不充填地表最大下沉 1800 mm，而离层注浆后地表实际最大下沉 1021 mm，减沉率达到 43.3%；预计 1410 工作面采后鲁里桥最大下沉 500 mm，而实测最大下沉 221 mm，减沉率达到 56% 。目前鲁里桥仍能保持正常使用，如图 7 – 17 所示。

图 7 – 17　鲁里桥近况

7.4　离层注浆充填对深井冲击地压灾害的抑制效果

从 20 世纪 90 年代以来，华丰煤矿连续进行了地表移动观测，取得了大量的数据。这些数据是分析注浆减沉效果和防治冲击地压的的主要依据，也为类似地质条件下岩层与地表移动的研究提供了宝贵的资料。已经取得观测成果的 4 个观测站中，1405 观测站、1406 观测站、2406 观测站是属于正常开采条件下的地表移动观测站，1407 – 08 观测站是覆岩离层注浆条件下开采的地表移动观测站。通过获得数据分析发现，注浆开采与正常开采相比，水平移动系数减少了 0.06，主要影响角正切值减少 37%，下山外边缘地表水平变形明显减弱，下山边界沉陷范围明显缩小（缩小量达 150 m）；地表下沉系数降低了

0.3，地表下沉得到有效遏制。1407 - 08 工作面离层注浆后地表减少综合下沉系数率达 50% 以上；地表下沉速度也明显降低，实测最大下沉速度比正常开采时最大下沉速度减小了42%。

离层注浆抑制冲击地压的效果，主要体现在离层注浆有效控制了上覆岩体的运动形式，极大地改善了 4 煤层冲击地压力源的结构，大大减少了 4 煤层工作面冲击地压的发生的次数，尤其降低了冲击地压的强度，对煤矿安全生产起到了积极作用。

结合 6 煤层解放层的开采和冲击地压微震监控系统的应用，4 煤层防冲形势得到了根本性好转，杜绝了恶性冲击地压事故的发生[167]。对比正常开采条件与离层注浆条件下的微震监测结果，发现实施离层注浆后，离层空间的上覆砾岩得到充填体的支撑，砾岩层下部的断裂点大幅减少，砾岩运动较为缓和，没有发生大面积的垮断，基本保持稳定状态，工作面冲击地压发生的危险性大大降低了。

离层注浆对冲击地压的抑制效果主要体现在以下两个方面：

（1）离层注浆有效降低了工作面围岩集中应力。

离层注浆前后应力分布对比如图 7 - 18 所示。

由于巨厚砾岩下部大范围的离层空间的出现，在离层四周形成高应力集中圈，应力通过砾岩下方岩体的传递，在工作面及巷道与原有的支承压力相互叠加，形成冲击应力场，使采场周围煤岩体积聚了大量的弹性能。离层注浆后，巨厚砾岩与下部岩层接触区域增大，巨厚砾岩的部分荷载通过充填体转移到下部岩层，减小了离层四周接触面应力集中程度；同时充填体限制了巨厚砾岩缓沉的幅度，减小了地表反弹程度，四周岩体

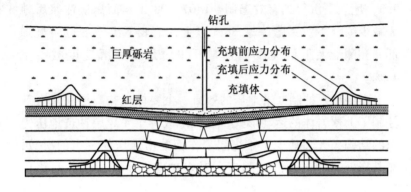

图 7-18　离层注浆前后应力分布对比示意图

对巨厚砾岩的约束力也相应减小，离层四周接触面较未充填前应力大幅降低。因充填体把应力传递到采空区，采空区分担了部分上覆砾岩的载荷，减小了煤体应力集中程度，降低了煤岩体发生冲击地压的危险性。

（2）离层注浆有效降低了冲击地压能量峰值，减弱了冲击灾害发生强度。

图 7-19 为通过微震监测系统统计的 4 煤层工作面离层注浆前后微震事件能量变化对比图。从中可以看出，离层注浆前工作面微震监测到的微震事件的能量远远高于与注浆后的能量。注浆后，工作面微震事件能量大幅下降（降幅在 40% ~ 60%），峰值也有所降低，尤其是高位峰值得到有效削减，很好地控制高危冲击地压的发生。实践证明，注浆后工作面未发生严重的冲击地压事故，4 煤层防冲形势得到了明显好转。

对比正常开采条件与离层注浆条件下的微震监测结果，发现实施离层注浆后，离层空间的上覆砾岩得到充填体的支撑，砾岩层下部的断裂点大幅减少，砾岩运动较为缓和没有发生大

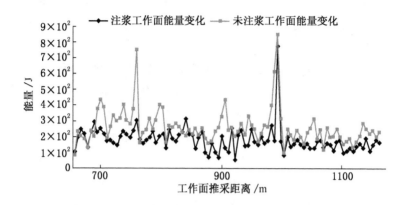

图 7-19 注浆工作面能量变化

面积的垮断,基本保持稳定状态,工作面冲击地压发生的危险性大大降低了。

离层注浆有效控制了上覆岩体的运动形式,将巨厚砾岩由失稳状态转变为相对稳定状态,砾岩层不再发生大规模破断垮落现象,极大地改善了 4 煤层冲击地压力源的结构,大大减少了 4 煤层工作面冲击地压的发生次数,尤其降低了冲击地压的强度,对煤矿安全生产起到了积极作用。

7.5 本章小结

(1)针对巨厚砾岩下煤层开采后覆岩产生大范围离层,通过地面钻孔高压注浆充填离层空隙带,可以有效控制地表塌陷。覆岩离层注浆之所以能减缓地表沉降,其主要作用机理为注浆的充填作用、支承作用、胶结作用、膨胀作用。本文基于覆岩体内高压充填减缓地表沉降的作用机理,对离层及钻孔的位置、钻孔结构及施工要求、注浆材料的选择等高压充填的关键技术进行了研究，对注浆工艺及系统进行了优化改造。新引进注浆设备，对于实施注浆充填离层带，有效控制上覆岩层运动具有重要意义。

（2）对覆岩体内高压充填效果进行了地球物理探测，建立地表移动观测站，通过对比不注浆开采条件下的地表下沉情况，说明了离层注浆充填的效果。注浆开采条件下减沉率达到42%，地表下沉速度明显降低，下山方向主要影响范围明显变小；同时地表的最大下沉速度出现减缓，斑裂破坏程度有所减弱；预计1410工作面采后鲁里桥最大下沉值为500 mm，而实测最大下沉221 mm（位于鲁里桥南150 m引桥观测点处），减沉率达到56%。华丰煤矿一直对地表移动变形的斑裂进行不间断的监测和治理，及时采取回填措施，使地表斑裂的危害减小到最低。

（3）离层注浆工程在地表减沉的同时，对深井冲击地压灾害发挥了抑制作用，抑制效果主要体现在：一方面离层注浆有效降低了工作面围岩集中应力；另一方面离层注浆有效降低了冲击地压能量峰值，减弱了冲击地压灾害发生的发生强度。

8 深井巨厚砾岩冲击地压
防治技术及措施

8.1 冲击地压危险性预测和治理

8.1.1 冲击地压危险性预测

随着研究的深入，逐渐认识到冲击地压的发生，与具有裂隙的各向异性岩石介质的力学性质、围岩在外加载荷作用下应力应变场的演化与失稳过程密切相关。冲击地压的预测、预报是其防治工作的基础和重要组成部分，对及时采取防范解危措施，避免冲击危害十分重要[55]。

冲击地压危险性预测就是针对具体煤层赋存条件对冲击地压发生的可能程度做出判断，如华丰煤矿在特殊的煤层地质条件下，根据地表下沉速度的剧烈变化处及地表反弹现象预测井下冲击地压的发生。一般来说，冲击地压的常规预测方法，除了经验类比法以外，大致可分以下两类：第一类是局部探测法，以钻屑法为主，包括煤（岩）体变形观测法、煤（岩）体应力测量法及流动地音检测法等，主要应用于探测采掘局部区段的冲击危险程度，这一类方法简便易行，直观可靠，已得到了广泛应用，其缺点是预测工作在时间和空间上不连续，费工费时。第二类是系统监测法，包括微震系统监测法、地音系统监测法以及其他地球物理方法，根据连续记录煤（岩）体内出现的动力现象预测冲击地压危险状态，这类方法所依据的基本条件是岩体结构的危险破坏过程是以超前出现的一系列物理现象为信息的，这些物理现象的出现被视作动力破坏的前兆，通常做法是在井上下设置测点，建立冲击危险区域的监测网，把连续收集记录的地音和微震信号传输到监测站，然后利用计算机自动进行数据整理和加工分析，预测监测区的冲击危险。这类方法可实现在空间上和时间上的连续监测，但是维护管理较为困难，分析数据和判定煤岩体的力学状态有较大难度，需要经过长期试验，积累了大量经验数据，方可准确预测。

下面从时空预测的角度来分析冲击地压的预测方法。在时间上，冲击地压的预测可分为早期综合预测和即时预测，如图8-1所示。早期综合预测的方法主要是指综合指数法，而即时预测的方法则包括钻屑法、应力在线监测法、电磁辐射法与微震法。在空间上，冲击地压的预测可分为点预测、局部预测与区域预测。点预测主要采用钻屑法，局部预测则有综合指数法、微震法、应力在线监测与电磁辐射法，区域预测则主要采用综合指数法和微震监测法。

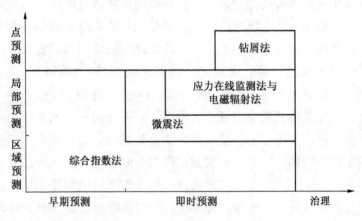

图8-1 冲击地压的时空预测[55]

综合来说，对于一个矿井的采区和工作面，首先进行煤岩体冲击倾向的鉴定，分析矿井的地质与开采因素对冲击地压的影响，然后采用综合指数法分析确定矿井的水平、采区、工作面各部分的冲击地压危险指数，划分出冲击地压的危险区域和重点防治区域。

1. 钻屑法

钻屑法采用小直径钻头（一般为 42 mm），钻孔深度不小于 7 m，间距为 3～5 m（重点区域需加密）。记录每米钻进时的煤粉量，接近或超过临界指标时，判定为有冲击危险；记录钻进时的动力效应，如声响、卡钻、吸钻、钻孔冲击等现象，作为鉴别冲击危险的重要参考指标。

钻屑法检测冲击危险的指标包括煤粉量、深度与动力效应组成。煤粉量是指每米钻孔长度所排出的煤粉的质量；深度是指从煤壁至所测煤粉量位置的钻孔长度，可以折算成钻孔地点实际采高的倍数；动力效应是指钻孔产生的卡钻、孔内冲击与煤粉粒度变化等现象。用钻粉率指数方法来判别工作地点冲击地压危险性的指标，可参照表 8-1 的规定，并结合实际情况执行。当煤层的应力集中程度增加或应力状态出现异常时，钻孔的煤粉量将发生改变。根据煤粉量的变化，即可以预测煤体的受力状态，实际钻粉率达到相应的指标或出现钻杆卡死现象，即可以判定所测工作地点有冲击地压危险。

表 8-1　判别工作地点冲击地压危险性的钻粉率指数

钻孔深度/煤层厚度/m	1.5	1.5～3	>3
钻粉率指数	≥1.5	2～3	>3

注：钻粉率指数＝每米实际钻粉量(kg)/每米正常钻粉量(kg)，正常钻粉量是在支承压力影响带范围以外测得的煤粉量。测定煤层正常钻粉量时，钻孔数不应少于 5 孔，并取各孔煤粉量平均值。

2. 应力在线监测法

为改善高冲击危险工作面的冲击地压监测工作，在覆岩运动理论的基础上研究钻屑当量与煤体应力之间的关系，并基于此研制冲击地压在线监测系统，如图 8 - 2 所示。

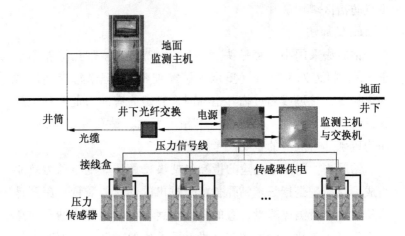

图 8 - 2　应力在线监测系统

3. 电磁辐射法

电磁辐射法监测冲击地压危险性的原理是，当煤岩发生变形破裂时，将产生电磁辐射现象，电磁辐射是煤体等非均质材料在受载情况下发生变形与破裂的结果，由于煤体各部分的非均匀变速变形所引起的电荷迁移及裂纹扩展过程中形成的带电粒子产生了变速运动而形成的。电磁辐射预测煤岩动力灾害现象，其主要参数是电磁辐射强度与脉冲数。电磁辐射强度主要反映了煤（岩）体的受载程度及变形破裂强度，脉冲数则主要反映了煤（岩）体变形及微破裂的频次。电磁辐射与煤的应力状态有关，煤体中应力越高，变形破裂过程越强烈，电磁辐射信号越强。根据上述原理及电磁辐射观测规律，可以采用电磁辐射强度与脉冲数变化率来确定冲击地压的危险前兆信息从而进行预测预报。

《山东省煤矿冲击地压防治规定（试行）》中，对电磁辐射法有如下规定：采用便携式电磁辐射仪对冲击危险进行监测时，每隔 10 m 布置 1 个测点，每个测点监测时间为 2 min。记录煤（岩）体破坏过程中电磁辐射强度的最大值及脉冲数，采用静态临界值及动态趋势法预测冲击危险，接近或超过临界指标时，判定为有冲击危险；若电磁辐射指标升高较快，或指标较高时突然下降，也判定为有冲击危险。

4. 微震法

微震法就是记录采矿震动的能量，确定和分析震动的方向，对震中进行定位。在此基础上，提出了冲击地压危险性的微震分级预测技术。利用微震预测冲击地压危险时，主要采用矿震时释放能量的大小从而确定冲击地压发生的危险程度。当在矿井的某个区域监测到矿震释放的能量大于发生冲击地压所需要的最小能量时，则该区域在当前时间内有发生冲击地压的危险性。如果在矿井的某个区域内，在一定的时间内，已进行了微震监测，则根据观测到的微震能量水平，就可捕捉到发生冲击地压的危险信息并进行预测。微震观测的范围应包括矿井中所有受冲击地压和震动威胁的区域，并保证能够记录和定位能量至少为 1×10^2 J 的震源。

到 2007 年，国际上对煤矿冲击地压的监测主要采用的是微地震监测技术，由于该技术能够实现破裂事件的定位和能量估计，因此，作为一种实时反映动力现象的一种手段，是十分有用的。但是，如何与矿山压力与岩层运动理论结合起来，进而为冲击地压的防治提供科学依据，是一直没有很好解决的课题，本项目在引进波兰的微地震监测系统后，开展了这一研究和实践，取得了良好的效果。

微地震监测技术是近年来从地震勘查行业演化和发展起来的一项跨学科、跨行业的新技术。微地震监测技术的基本原理：岩石在应力作用下发生破坏，并产生微震和声波。通过在破裂区周围的空间内布置多组检波器并实时采集微震数据，经过数据处理后，采用震动定位原理，可确定破裂发生的位置，并在三维空间上显示出来，具体示意图如图 8-3 所示。

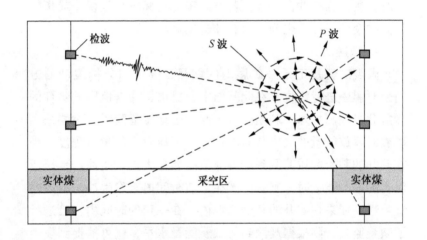

图 8-3 微地震监测岩体破裂示意图

在地下矿井深部开采过程中发生岩石破裂和地震活动，常常是不可避免的现象。由开采诱发的地震活动，通常定义为：在开采巷道附近的岩体内部，因应力场变化导致岩石破坏而引起的那些地震事件。开采巷道周围的总的应力状态，是开采引起的附加应力和岩体内的环境应力的总和。

冲击地压的机理、预测预报及防治是一项研究了很久，取得了很多成就但未能取得实质性突破的课题，是一项世界范围内的采矿难题。

8.1.2　冲击地压危险的治理

对冲击地压进行研究的结果必然要落实到治理措施上，以达到安全生产的目的。冲击地压的防治措施分为两大类：一类是战略性或区域性措施，另一类是战术性或局部性措施[55]。如图 8-4 所示。

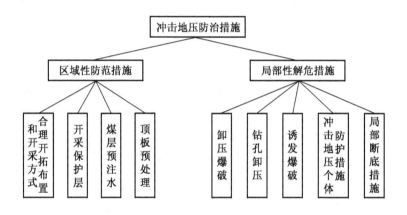

图 8-4　冲击地压防治措施

1. 区域性防范措施

1）合理开拓布置与开采方式

采取合理的开拓布置与开采方式，对于防治冲击地压起至关重要的作用。开拓及准备巷道应该布置在底板岩层中或者没有冲击危险的薄煤层中；当煤（岩）体中存在远大于重力的构造应力的情况下，巷道的方向最好和构造应力的作用方向一致，使巷道周围应力分布趋于平均。在煤层中应尽量少布置巷道，把对煤层的切割破坏限制在最低程度之内。煤层群的开采布置应该利于保护层的开采；开采有冲击危险的煤层时，回采巷道应尽可能地避开支承压力峰值范围，采取宽巷掘进，少用或不用双巷或多巷同时平行掘进方式。

2）开采解放层

先行开采一个煤层，能在一定时间内使临近的煤层得到某种程度的卸载。先采的解放层必须根据煤层赋存条件来选择无冲击倾向或弱冲击倾向的煤层，实施这一方式时必须保证开采在时间和空间上同步，不得在采空区遗留煤柱，从而使每一个先采的煤层的卸载作用能依次的使后采的煤层得到最大限度的解放。

3）煤层预注水

在采掘工作开始前，对煤层进行长时间的高压注水，以改变煤的物理力学性质，从而降低煤层的冲击倾向性。煤层注水还能够降低煤的强度，使得煤体积蓄弹性能的能力大幅下降，以塑性变形能的方式消耗弹性能的能力增加。

4）顶板预处理

顶板处理的方式为预注水，其作用主要有两点：一是降低顶板的强度，使原来不易塌落的坚硬顶板冒落，转化为随采随冒的顶板，从而达到降低煤体应力的目的；二是顶板注水后，本身的弹性性质减弱，因而减少了顶板内的弹性潜能，顶板注水后，煤体的支承压力高峰也要向深部转移。

2. 局部性解危措施

1）卸压爆破

采用爆破的方法可以减缓对已形成冲击危险煤体的应力集中程度。实施卸压爆破应该采取深孔爆破方法，孔深应该达到支承压力峰值区。装药位置越靠近峰值区，炸药威力则越大，爆破解除煤层应力集中的效果越好。爆破同时能够局部解除冲击地压发生的强度条件与能量条件。在工作面卸压和近煤壁一定宽度的条带内破坏煤的结构，可使煤（岩）体不能积聚弹性能或达不到威胁安全生产的程度，从而在工作面前方形成一条卸压保护带。经过多年的观测和实践证明，若能在工作面前方和巷道两帮始终保持一个宽为 5 ~ 10 m 的保护带，就可有效防治冲击地压的危害。

卸压爆破是对具有冲击地压危险的局部区域，用爆破方法减缓其应力集中程度，属内部爆破，主要作用是使煤（岩）层产生大量裂隙。爆破后冲击波首先破坏煤（岩）体，然后爆破生成气体进一步使煤（岩）体破裂，由于气压作用，形成切向拉应力，产生径向拉破裂。当裂隙前端的应力强度因子小于断裂韧性时，裂隙止裂。造成煤（岩）层物理力学性质变化的主要因素是径向裂隙。裂隙的存在，导致弹性模量减小，强度降低，积聚的弹性能减少，破坏了冲击地压发生的强度条件和能量条件。

通过爆破必将使煤岩体的承载能力降低，煤岩体的应力重新分布，煤岩体中能量积聚与转移规律发生改变，形成一定的卸载区域，减弱或消除煤岩体的冲击危险性。

2）钻孔卸压

钻孔卸压的实质是利用在高应力条件下煤层中积聚的弹性能来破坏钻孔周围的煤体，使煤层卸压、释放能量，从而消除冲击危险。在钻孔的周围形成了一定的破碎区，当这些破碎区互相接近时可以使煤层破裂卸压。

3）诱发爆破

诱发爆破是在监测到存在冲击地压危险的情况下，利用较多药量对钻孔进行爆破，人为的诱发冲击地压，使冲击地压发生在预定的时间和地点，从而避免更大损害的一种解危措施。

实行诱发爆破必须慎重行事，钻大量较长的孔达到高应力带内，采用大药量、集中装药与同时引爆的方法，以使煤岩体产生强烈震动，诱发冲击地压，或造成煤体强烈卸压、释放能量，从而使高应力带移向煤体深部。

8.2 华丰煤矿冲击地压防治措施

华丰煤矿早在 1992 年发生破坏性冲击地压以来，数十年来坚持不懈的开展了机理、预测与防治方面的研究，现场采取了煤粉监测、矿压法、电磁辐射法、微震法等监测手段和开采解放层、断顶断底深孔爆破卸压、煤层大直径深孔卸压等防治措施，减少大能量冲击破坏，实现了防冲工作面安全推采。

华丰煤矿治理冲击地压经历的几个阶段如下。

第一阶段：1992—1994 年。

开展的主要技术工作：制定规程、技术措施，规范防冲管理；对 4 煤层进行了冲击倾向性鉴定；开展了矿井地质动力区划研究；进行了地音仪监测应用研究；进行了开采解放层模拟试验研究；进行了爆破卸压、煤粉监测等防治方法应用研究；对回采工作面支护方式进行了改革等。

取得的成果：对该阶段冲击地压的发生机理、防治方法等有了初步的认识和了解，形成了初步的防治措施。

第二阶段：1995—1998 年。

开展的主要技术工作：对采场应力进行了三维数值计算；对 6 煤层冲击倾向性进行了鉴定；进行了合理开采布置防治冲击地压的实践；开展了地音监测系统防治冲击地压的研究应用；进行了底板冲击地压防治研究；进行了矿震监测冲击地压应用研究等。

取得的成果：基本摸清矿井冲击地压发生规律，研究形成了适合华丰煤矿生产地质条件的冲击地压综合防治体系。

第三阶段：1999—2001 年。

开展的主要技术工作：进行了电磁辐射监测冲击地压应用研究；进行了深部冲击地压研究；实施了解放层开采方案等。

取得的成果：矿井采深增加，生产条件发生变化，采用电磁辐射监测、解放层开采等对矿井冲击地压发生规律和控制技术进行重新认识、重新研究。

第四阶段：2002—2006 年 9 月。

开展的主要技术工作：深部大倾角、冲击地压煤层放顶煤开采技术研究复杂条件综放研究；冲击地压煤层仿真模拟放顶煤开采技术研究；引进了微震监测系统；开展了冲击地压前兆信息研究；开展了 1410 工作面冲击危险性评价等研究工作。

取得的成果：加大了防冲监测、控制和研究的投入，实施了综放技术、综采技术，安全开采了 1409 工作面，该面自 2003 年 10 月 10 日开始，到 2006 年 10 月 10 日历时三年，推采长度 2260 m，期间没有发生冲击地压，1410 工作面上平巷仍然经常有大震级事件，需要进一步研究冲击地压的机理、发生条件和预测、控制方法。

第五阶段：2006 年 10 月至今。

开展的主要技术工作：全面开展冲击地压监测、预测和治理的研究和实践工作，通过实施研究成果，2006 年 10 月至今，没有发生破坏性冲击地压；2007 年 9 月，引进了德国的卸压钻 2 台，目前正在调试中；基于冲击地压防治需要，着手研究和调整矿井深部开采布局和开采方法优选；加大防冲投入，进一步完善防治体系等。

取得的成果：6 煤层开采后在 4 煤层内部形成上、下、前、后保护角，上、下保护角分别为 800° 和 400°，前、后保护角为 570°，同时实施了煤层注水、爆破卸压等卸压治理措施。

多年来，华丰煤矿开展了大量的防冲研究和实践工作，取得了长足的进展，但是随着开采深度的增加，不断出现新的现象，因此今后仍然需要加大投入，进行深入研究。

8.2.1 华丰矿冲击地压预测预报措施

1. 电磁辐射监测

利用 KBD - 5 型流动电磁辐射仪对工作面进行电磁辐射监测。

利用地质动力区划法分析井下地应力场，进行冲击地压危险区预报：根据矿井的地质构造情况，对矿井进行地质动力区域划分，确定矿井地应力场大小及方向；根据地应力场分布，确定 4 煤层工作面及其附近煤体的主应力大小及方向，预报冲击危险区及冲击危险程度。

（1）利用 KBD - 5 型流动电磁辐射仪对工作面上、下平巷 100 m 范围及工作面进行监测。测点布置在上平巷下帮、下平巷上帮、工作面煤壁，测点间距 10 m，每点监测 2 min，每天监测一遍。

（2）监测预报指标为脉冲数、幅值平均值、幅值最大值，利用监测电磁辐射的脉冲数、幅值平均值、幅值最大值的大小及变化趋势对工作面进行预测预报。

（3）工作面初采前，首先找出该工作面 3 个参数的正常值，然后乘以 1.5 倍的预报系数，作为电磁辐射的冲击危险预报值。再根据监测数据的统计结果，确定出工作面电磁辐射预报指标。

2. 煤粉监测

（1）在 1410 工作面上平巷下帮，下平巷上帮超前 60 m 范围内进行煤粉监测，孔间距 10 m，上平巷、下平巷每天监测一遍。在一般情况下采掘工作面巷道上帮间隔时间为 3 个工作循环；采煤工作面间隔时间为 3 个工作循环。掘进工作面一般为 3 d 一次，严重冲击危险时，要有专门规定。

（2）煤粉孔布置方式：钻孔布置在上平巷下帮时，钻孔水平布置，孔口距底板 0.5 ~ 0.8 m；钻孔布置在下平巷上帮时，钻孔仰角沿煤层倾斜向上布置，孔口距底板 0.8 ~ 1.0 m；上、下帮监测孔深都为 7 m。

（3）监测方法：使用 MSZ – 12 电煤钻、ϕ42 mm 套节麻花钎子配 ϕ42 mm 钻头打眼，从孔口开始每 1 m 收集一次煤粉，并用弹簧秤称量其重量记录在记录表上。每打完一个孔，必须立即将结果填入记录表。

（4）当监测煤粉量超过 2.6 kg/m 时，预报有冲击危险。再及时利用电磁辐射法进行校核监测，当两种监测手段均有冲击危险时，应及时实施卸压爆破，爆破后再打 1 ~ 2 个煤粉监测孔，校验卸压的效果，如不能消除冲击危险，必须继续实施卸压爆破，直至消除冲击危险。

（5）当煤壁含水量大、孔内出水，不再进行煤粉监测。

做好现场记录，把监测时间、地点、每米的煤粉量及孔内冲击、卡钻等现象填在表上，同时记录附近发生煤炮、来压等矿压现象。

打钻地点出现有较大的煤炭突出或煤壁突然外鼓；煤壁有连续爆响、煤炮声不断、围岩活动明显加剧、支架变形；压力持续增加等情况，要先将人员撤到安全地点，待压力稳定后，经跟班安检人员检查，确认无危险后，再进行煤粉监测。

3. 工作面矿压监测

（1）每班对上、下平巷超前支柱进行工作阻力监测，找出工作面超前支承压力影响范围及应力集中系数，确定超前支护距离及方式。根据工作阻力大小预报工作面顶板来压及应力集中区域。

（2）在工作面中部布置 2 个测区，测区间距 20 m，每个测区包括 2 个支架，重点对工作面支架工作阻力进行循环监测，然后画出监测曲线图，预测工作面顶板来压情况，结合其他监测手段预报工作面冲击危险。同时对每台支架安设自动测压表，一方面可以对支架初撑力进行监控，另一方面可以对工作面顶板来压情况进行全面预报分析。

4. 工作面微震监测

采用波兰微震监测定位系统 ARAMISM/E 微震监测系统，其主要功能是采集微地震数据，包括计算破裂点的位置和破裂能量值，提供基于微地震监测的冲击地压预测预报的基础数据。监测记录冲击发生的次数及冲击地压释放的能量，利用冲击发生的次数及能量释放预测预报冲击地压发生的趋势及应力释放情况，同时进行及时准确的定位，为冲击地压预测预报及综合治理提出有效的方案。

5. 钻孔应力计监测

在工作面上、下平巷超前 100 m 均匀埋设钻孔应力计，对巷道煤体应力变化情况进行监测。钻孔应力计设在上平巷下帮、下平巷上帮，孔口距底板 0.5 m，沿煤层倾角布置，孔距 20 m，孔深 8 m。每小班监测 2 次，画出每台应力计的监测结果，找出应力集中地点及集中范围，配合其他手段实现工作面冲击危险的准确预报。

8.2.2 华丰煤矿冲击地压解危防范措施

1. 开采解放层

为减小冲击地压灾害的威胁，保障 4 煤层的顺利开采，华丰煤矿采用开采解放层 6 煤层对 4 煤层进行解放。由于 4 煤层、6 煤层间距只有 39 m，6 煤层作为解放层开采后，4 煤层的原始应力状态将被破坏，工作面煤体的原始应力将大幅度下降。但由于冲击地压是在原始应力基础上采动集中应力达到一定程度后形成的，因此冲击地压危险在很大程度上取决于采动集中应力，开采解放层不能从根本上减缓采动应力集中程度；同时上覆砾岩层运动是 4 煤层发生冲击地压的主要力源之一，因 6 煤层采高较小，采后不能使上覆砾岩层充分破裂活动，因此 4 煤层工作面开采期间仍受上覆砾岩层运动的影响。开采 1610 工作面和 1611 工作面作为解放层，对 1410 工作面具有一定的解放效果，对 4 煤层的应力释放及冲击地压的预防起到了积极的作用。

2. 煤层注水

（1）上平巷煤层注水。注水孔布置在上平巷的下帮，孔距 20 m，孔深 40 m，孔口距底板 0.2 m，注水孔俯角与煤层倾角相同。钻孔采用岩石电钻钻进，用 φ42 mm 钻杆配 φ50 mm 钻头开孔，钻进至终孔。注水孔采用水泥封孔：钻孔深度打够 40 m 后，将白塑料管（10 m）与铁管（不小于 0.8 m）套接好，再把白塑料管另一端缠适量大麻后，下入钻孔内至铁管还剩 0.2 m，最后用水泥浆在孔口管与孔壁之间进行浇注，直至孔壁内注满水泥浆，待凝固 3d 后再进行注水。注水采用 3D2 - SZ 高压注塞泵高压注水，注水压力 6 ~ 10 MPa，用 DC - 4.5/ 20 型高压流量计计量，每孔单独计量。

按照《煤层预注水试行技术规范》要求，每孔注水量为

$$Q = L \cdot S \cdot M \cdot Y \cdot W \cdot R \qquad (8-1)$$

式中 L——待注水煤体长度，m；

　　　S——注水孔间距，m；

　　　M——待注水煤体厚度，m；

Y——煤的体积质量，t/m³；

W——含水率增值，4%；

R——富余系数，1.3。

上平巷每孔注水量为

$$Q = 40 \times 20 \times 6.4 \times 1.33 \times 4\% \times 1.3 = 354 \text{ m}^3$$

超前注水时间 20d 以上，超前注水距离为 100 m 以外。注水孔挂牌管理，并建立注水台账。

（2）下平巷煤层注水。注水孔布置在下平巷的上帮，垂直巷道走向，孔距 30 m，孔深 80 m，孔口距底板 1.6～1.8 m，距顶板不小于 1.2 m，注水孔仰角沿煤层倾斜向上。孔采用 SGZ – IB 型钻机钻进，用 $\phi108$ mm 钻头开孔，钻进 15 m 后，下 $\phi108$ mm 套管 15 m，注水泥浆固定套管，凝固 3 d 后用 $\phi73$ mm 钻头花孔至 15 m，进行打压试验，试验压力 10 MPa（漏水时继续注浆封堵），然后用 $\phi73$ mm 钻头钻进至终孔。注水采用 3D2 – SZ 高压注塞泵高压注水，注水压力 6～10 MPa，用 DC – 4.5/20 型高压流量计计量，每孔单独计量。

按照《煤层预注水试行技术规范》要求，下平巷每孔注水量为 $Q = 80 \times 30 \times 6.5 \times 1.33 \times 4\% \times 1.3 = 1079 \text{ m}^3$。超前注水位置距工作面 100 m 以外，含水率达到 4% 以上。

3. 爆破卸压

卸压爆破是对具有冲击地压危险的局部区域，用爆破方法减缓其应力集中程度，属内部爆破，主要作用是使煤层产生大量裂隙。爆破后冲击波首先破坏煤体，然后爆破生成气体进一步使煤体破裂，由于气压作用，形成切向拉应力，产生径向拉破裂。当裂隙前端的应力强度因子小于断裂韧性时，裂隙止裂。造成煤层物理力学性质变化的主要因素是径向裂隙。裂隙的存在，导致弹性模量减小，强度降低，积聚的弹性能减少，破坏了冲击地压发生的强度条件和能量条件。

当监测到冲击危险后，应立即对工作面冲击危险区域实施爆破卸压。卸压孔深 9 m，孔间距不大于 5 m，炸药用矿用乳化炸药，每孔装药量为 3.0 kg，用 2 发毫秒延期电雷管，正向定炮，每孔用三只水炮泥，其余用黄泥封封实，串联连炮。每次引爆 4~5 个卸压孔，以提高卸压效果。上平巷下帮的卸压孔水平布置，使药包位于放顶煤的煤层中，下平巷卸压孔药包放在工作面下端的底煤中。药包不能放在割煤高度的煤层之内。

松动爆破超前工作面 30~300 m，孔深 30~40 m，装药不大于孔深的一半，其余部分装满水炮泥和炮泥，爆破人员撤到 200 m 以外的安全地点。在采掘工作面上实施爆破卸压时，孔深为 2~3 倍的采高加上两次间隔期内的进尺。卸压爆破药量，不大于孔深的一半，要用水炮泥和炮泥填满。装药时，要用非金属材料绑扎，用安全导爆索或毫秒延期电雷管起爆。卸压爆破时，躲炮半径不小于 150 m，躲炮时间不低于 30 min，爆破前人员要撤到 150 m 之外的安全地点，严禁在三岔口和顶板不好处躲炮。对所有通往爆破地点的通道必须设警戒线并设专人站岗。爆破前还要加固爆破地点的支架。爆破卸压后，要用煤粉法进行效果监测，直至消除冲击危险。如果煤粉量仍然超限，还要继续采取卸压措施，检验孔距卸压孔 1.5~2 m。爆破卸压工作实施要有专门措施，由防冲队实施。

4. 钻孔卸压

采用大直径深孔卸压技术，综合了爆破卸压和普通钻孔卸压的优点，是在普通钻孔卸压的基础上，当孔深达到一定深度后，通过钻头变形、直径逐渐增大，从而在深部增大了钻孔直径，使煤体深部具有较大面积的自由面，这样既保护了巷道围岩的稳定性，又能最大限度地卸压，而且可以减少钻孔的数量。

具体实施步骤：通过微地震监测等方法圈定具有冲击地压危险的区域；在确定可能发生冲击危险的区域，以一定的孔距开始钻孔；当孔深达到一定深度后，使钻头开始变形，钻头直径逐渐增大达到一设定值，并在此直径下继续钻孔达到要求深度；按设计打完钻孔后，检测钻孔的卸载效果。

在回采工作面上或巷道两帮打卸压孔时，孔距 5 ~ 10 m；在掘进工作面打卸压孔时每 10 m² 断面一个孔，孔要打在采高中部或断面的中心位置，方向要和煤层平行或按措施规定方向。打卸压孔之前，一定先打煤粉监测孔，以查清压力带的范围、状态和危险程度。卸压孔找完之后，也要利用煤粉法进行效果检验，若煤粉量仍然超限，就要再增加卸压孔个数。卸压后的检验煤粉孔，要布置在两个卸压孔之间，距卸压孔不小于 1 ~ 2 m，深度为 7 ~ 8 m，方向要平行于卸压孔。为了预防诱发的冲击地压伤人，要使用液压安全钻机，操纵盘距钻机不少于 20 m，人员应远距离操作。打卸压钻人员要通过培训，会操纵维护钻机并有预防冲击地压的知识。

在实际的冲击地压管理中也暴露了一些问题，为冲击地压的防治带来了困难与不便，下面将存在问题进行归纳，并提出改善意见。

（1）解放层的开采对 4 煤层工作面起到了一定的解放效果，但残留煤柱和区段煤柱对 4 煤层回采的影响研究不足，应尽快进行解放层的无煤柱开采研究。

（2）危险区域和危险时期的划分不够详细具体。应对煤柱、断层等结构构造区进行重点监测，提前分析其危险性；通过工作面推进状况，预测来压情况，并提前采取措施。

（3）对微震监测结果进行简单的统计分析不能准确的预测预报冲击地压，必须结合空间覆岩、开采条件等进行分析，提高对监测结果分析能力，从而提高预测预报能力。

（4）没有对冲击危险进行等级量化。应根据矿山实际情况对冲击危险进行等级化，可以分成 A、B、C、D 四个等级，D 级为最高危险等级，并且在实际管理中，要总结分级标准。

（5）检验钻孔设计深度不够。1410 工作面上平巷倾向支承压力峰值位置距上平巷约 15 m，检验钻孔设计孔深 7 m，不能很好地检验到是否存在冲击地压危险。

（6）卸压钻孔的设计不符合卸压要求。卸压钻孔深度设计为 9 m，深度不能达到倾向支承压力高峰位置，装药量太少也不能破坏坚硬煤层和坚硬顶底板。

（7）卸压时机存在滞后性。1410 工作面走向超前支承压力峰值约在工作面前方 50 ~ 60 m 处，在超前支承压力影响范围内进行卸压，由于应力叠加效果，容易出现卡钻、冲钻、塌孔等操作困难，应在超前支承压力影响范围之外提前进行卸压。

8.2.3 华丰煤矿冲击地压事故的应急防范救援体系与措施

1. 防范救援体系

华丰煤矿成立冲击地压事故应急防范救援领导小组，矿长、党委书记任组长，成员有总工程师、生产矿长、党委副书记、总经济师。领导小组指挥协调冲击地压事故防范救援过程中的各种问题，保证防范救援工作的顺利进行。

防范救援体系分井下和地面两部分，井下救援分单位自救与区域互救。在平时的工作中，落实好冲击地压工作面的综合防治措施，做好井下冲击地压事故的防范工作。生产矿长负责落实防冲工作所需的人、材、物，根据防冲措施组织生产。总工程师在矿长领导下负责全矿的冲击地压防治的技术工作。分管副矿长对分管范围内的防冲工作负责，组织落实分管范围内的防冲措施，根据防冲措施要求组织生产。安监处负责检查落实防冲措施的现场兑现。分管副总工程师在总工程师的领导下对分管范围内的防冲技术工作负责，组织研究冲击地压发生原因、治理措施及冲击危险的预测预报。防冲队负责防冲措施的现场落实及冲击危险的预测预报工作。生产部是冲击地压管理的业务部门，审查制定并监督落实防冲措施。采掘项目部负责本单位防护措施的落实，并按照防冲措施组织生产。通防工程部负责冲击地压工作面两巷通防设施的维护工作，并将两巷的所有管路更换成胶管。运输三部负责冲击地压下平巷机电设备的固定。

冲击地压事故发生后由当班区队跟班长组织事故影响以外的本单位人员立即进行单位自救。在场人员应首先了解冲击地点、破坏情况及人员伤亡情况，迅速报告生产调度室，然后积极自救。

区域互救在领导小组指挥下，由在发生事故采区范围内工作的采掘项目部、运输一部、运输三部、矿建维修部、通防工程部、机电一部、防冲队等单位的人员组成互救队伍，进行冲击地压事故救援。人员到位后，根据救援程序积极组织区域互救。

生产调度室、保卫科、矿医院、救护队严格执行 24 h 值班制度，发生冲击地压事故后，立即组成地面防范救援队伍，及时将冲击地压事故受伤人员送往矿医院进行抢救，最大限度地保证职工的人身安全。

2. 防范救护程序

冲击地压事故发生后，由井下在场人员及时汇报生产调度室，生产调度室立即启动冲击地压事故救援程序。生产调度室接到通知后，首先掌握冲击地压发生地点、破坏情况及人员伤亡情况，然后按事故汇报程序通知有关矿领导及相关部门。矿长、总工程师接到报告后，必须立即赶到现场组织抢救。矿长是处理事故的全权指挥者，总工程师是矿长的第一助手。在矿长未到前，由值班矿长负责指挥。要根据冲击地压发生情况制定救援作战计划，然后实施。救护队接到通知后，尽快到达事故现场，根据救援方案迅速采取行动，协助医护人员抢救伤亡人员，将灾害损失减少到最低程度。被困人员救出后，加固处理巷道及工作面支架，防止扩大事故损失。认真分析研究冲击地压发生原因及恢复生产措施，根据恢复生产措施组织恢复生产。

3. 紧急救援措施

冲击地压事故发生后，应首先确定冲击地压发生震级、能量、方位，然后查出确切事故地点、巷道及工作面损坏情况、被困人员情况。积极恢复发生冲击地压区域的通风，保证被困人员地点的良好通风；同时要将与发生冲击地压地点连通的巷道冲刷防尘，避免事故处理期间通防事故的发生。处理事故过程中，应保证通风良好，及时检查瓦斯及其他有害气体。人力开通通向被困人员的通道，救出被困人员，开通通道时不得爆炮。在现场及时抢救受伤人员，伤势稳定后，及时送往矿医院进行抢救治疗。加固冲击地压影响范围内的巷道、工作面支架，防止顶板冒落或冒顶范围的继续扩大。恢复巷道断面及工作面支架。认真分析研究冲击地压发生原因及监测卸压措施，严格落实监测卸压措施，确认冲击危险消除后方可恢复生产。

8.3　本章小结

　　本章在介绍了冲击地压的常规监测方法、预防预报措施与治理技术后，结合华丰煤矿的特殊覆岩与地表移动特点，开展了冲击地压的机理、预测与防治方面的研究，现场采取了煤粉监测、矿压法、电磁辐射法、微震法等监测手段和开采解放层、断顶断底深孔爆破卸压、煤层大直径深孔卸压等防治措施，减少大能量冲击地压的破坏，实现了防冲工作面安全开采。

9 结 论 和 展 望

9.1 主要结论

本文采用调查归纳、理论分析、相似材料模拟实验、机械模拟实验、数值模拟与现场实测等方法，对深井巨厚砾岩覆岩运动规律和特征及其与冲击地压的相关性进行了研究，取得了以下研究成果。

（1）覆岩运动方式受岩层厚度、岩性、软弱夹层性质及在岩层厚度方向等的影响，在采动过程中上覆岩层产生一定的离层。对覆岩离层产生的条件、离层动态发育过程进行了分析，并对离层空间进行了计算。根据华丰煤矿的地质条件以及覆岩的岩性组合特征，总结了华丰煤矿覆岩离层发育规律及离层特征，砾岩与红层这两个岩性相差较大的层面接触弱面处产生了大范围的离层裂缝。在此基础上分析了相对稳定状态下巨厚覆岩地表产生反弹的机理以及砾岩失稳状态下覆岩运动和应力分布。

（2）以华丰煤矿1410工作面为原型进行了相似材料模拟实验和机械模拟实验。实验得到了巨厚砾岩条件下覆岩运动规律，得出了巨厚砾岩下离层空间发育过程、基本形态以及集中应力分布的基本规律；机械模拟实验还得到了内应力场变化及覆岩位移情况。采用UDEC程序对巨厚砾岩下离层的产生和发育、巨厚覆岩运动及应力演化过程进行了数值模拟。随着工作面的开采，煤体上覆岩层断裂、垮落，在巨厚砾岩与红层之间出现大范围的离层，当工作面推进到 300 m 时，离层垂直高度达到 2.0 m，离层跨度接近 200 m。离层出现后巨厚砾岩内的应力逐渐升高和集中，在工作面周围煤岩体中产生应力集中；巨厚砾岩在离层达到其最大垮距后断裂，此时砾岩的回转和急速下沉在覆岩中产生巨大的动压冲击。

（3）根据华丰煤矿北区设立的 4 个地表移动观测站所测数据，华丰煤矿煤层开采地表移动的表现特征除连续性的移动变形特征以外，还有明显的非连续变形—斑裂现象，并阐述了斑裂的特征、影响因素及危害，分析了斑裂产生的机理。以华丰煤矿为工程背景建立了厚硬覆岩承载力学模型，确定了开采宽度与地表最大拉应力位置关系，给出了厚硬覆岩地表斑裂产生判据，该判据得出了地表产生斑裂时的工作面开采宽度，并得到了斑裂线与工作面相对位置关系，为预测采场应力峰值和地表斑裂线位置提供了根据。经 1409 工作面验证斑裂所在位置与工作面长度及其空间关系，预计斑裂线出现的位置距工作面下平巷 410 m，而由地表实测得知，实际斑裂线距工作面下平巷平均值为 398 m，与理论相符较好。

（4）根据华丰煤矿地表移动观测积累的数据，分析了采后地表移动变形情况对桥梁的影响，并对煤层开采后对桥梁的影响程度进行了预计。由于桥梁自身的特点，使得地表变形尤其是斑裂的出现对桥梁的影响具有其本身的规律，并且呈现一定的特点。根据受采动影响地基的变化情况，分析了采动桥梁混凝土板的破坏条件以及桥梁开裂与拉伸刚化作用，为控制桥梁变形技术的提出提供理论基础，对工作面开采后的地表变形进行了预计，并分析了地面斑裂的发展趋势。

（5）利用数值模拟软件对巨厚砾岩条件下地表斑裂产生规律进行了研究，建立了巨厚砾岩完整及存在弱面两种状态下的数值模型，并设计了不同方案。通过分析巨厚砾岩下离层变化曲线，得出随着工作面宽度的增加，离层范围逐渐扩大，但离层的最大高度基本相当，且中间部分的离层量维持在一定高度内。当巨厚砾岩完整时，工作面宽度为 170 m 时，在工作面下平巷 280 m 处出现了拉伸破坏，即在地表表现为斑裂现象；若巨厚砾岩中含有弱面，当弱面与工作面开采起始距离小于 500 m 时，弱面处都会发生拉伸变形，甚至破坏，但弱面与工作面起始点距离大于 550 m，开采对弱面无采动影响。

（6）分析了深井地压的影响因素、特征及分类，并根据覆岩中存在巨厚砾岩这一特殊条件对冲击地压的影响，研究了巨厚砾岩层相对稳定状态和失稳状态下冲击地压的发生机理。相对稳定状态下的巨厚砾岩离层空间的发育、发展，使得成为岩体板状悬空状态巨厚砾岩将巨大应力经下方岩层传递到煤岩体上，从而形成高应力集中区，成为井下发生冲击地压的主要力源；随着离层空间的继续发展，砾岩岩梁跨度和所受拉应力超过其破断极限跨度和抗拉强度时，砾岩就会进入垮落破断的失稳状态，巨厚砾岩沿断裂面或弱面滑动或扭转，将自身巨大的冲击动能传递给下部岩体，其冲击动载与支承压力叠加，造成工作面周边围岩应力突然急剧升高，从而引发更加剧烈的冲击地压。

（7）分析了巨厚砾岩覆岩运动形态和地表岩移规律，完善和拓展了地表下沉盆地边缘下沉反弹的运动机理，揭示了地表反弹现象与冲击地压的内在关联性，可以据此预测预报冲击地压的发生或对发生的冲击地压进行评价。大量的地表岩移数据分析表明，地表下沉速度变化较大，下沉与反弹频繁交替时，井下冲击地压发生次数多，能量大；尤其在地表出现反弹现象时井下极易发生严重的冲击地压灾害，反弹时发生 2.0 级以上强震的比例为 50%。可见地表反弹可以作为冲击地压预测预报的辅助方法。

（8）通过分析地表移动数据，表明砾岩运动具有周期性：工作面每向前推进 300 m 左右，砾岩层发生一次周期性运动；每个运动周期分为 5 个阶段：初始运动阶段、相对稳定阶段、显著运动阶段、剧烈运动阶段和运动衰减阶段。随着工作面推进，砾岩运动由衰减阶段再次进入相对稳定阶段，从而开始下一个周期的砾岩运动过程。同时，砾岩运动周期内冲击地压也进入了周期发展的过程之中，对把握防治冲击地压的时间和空间提供了参考。

（9）针对巨厚砾岩下煤层开采后覆岩产生大范围离层，通过地面钻孔高压注浆充填离层空隙带，可以有效控制覆岩中巨厚砾岩层运动。覆岩离层注浆工程不仅能减缓地表沉降，还对井下冲击地压的发生具有一定的抑制作用。对覆岩体内高压充填效果进行了地球物理探测，建立地表移动观测站，通过对比不注浆开采条件下的地表下沉情况，说明了注浆开采条件下减沉率达到 42%，地表下沉速度明显降低，下山方向主要影响范围明显变小，地表的最大下沉速度出现减缓，斑裂破坏程度有所减弱；离层注浆充填技术通过有效限制砾岩弯曲沉降，抑制了砾岩应力集中积聚，从而改善了冲击地压的力源结构，起到了减缓地表沉陷以及防治冲击灾害的作用，并在华丰煤矿的实践中得到了验证。

（10）阐述了井下解危卸压等治理冲击地压的措施，以华丰煤矿冲击地压防治措施为例，采取了煤粉监测、矿压法、电磁辐射法、微震法等监测手段和开采解放层、断顶断底深孔爆破卸压、煤层大直径深孔卸压等防治措施，减少大能量冲击地压的破坏，实现了采煤工作面安全生产。

9.2   有待于进一步研究的问题

本文以具体地质采矿条件为背景，对巨厚砾岩深井开采覆岩运动规律及其与冲击地压的相关性进行了研究，相关课题尚有众多内容需要进一步研究：

（1）巨厚砾岩作为冲击地压主要力源，其内在结构应力变化的复杂性研究；砾岩稳定状态和失稳状态下实验中应力突变的能量定量表达方式研究。

（2）有待综合研究巨厚砾岩运动与矿区其他自然灾害的相关性，如矿井水的防治、顶板灾害防治等。

（3）进一步研究冲击地压预测预报智能辅助信息的捕捉手段及预报办法。

参 考 文 献

［1］谢和平，彭苏萍，何满潮．深部开采基础理论与工程实践［M］.北京：科学出版社，2006.

［2］何国清，杨伦．矿山开采沉陷学［M］.徐州：中国矿业大学出版社，1990.

［3］谢和平，彭苏萍，何满潮．深部开采基础理论与工程实践［M］.北京：科学出版社，2006.

［4］何满潮．深部的概念体系及工程评价指标［J］.岩石力学与工程学报，2005，24（16）：325 – 330.

［5］HOU C J. Review of Roadway Control in Soft surrounding Rock Under Dynamic Pressured［J］. Journal of Coal Science & Engineering（China），2003，9（1）：1 – 7.

［6］Kesimal A，Ercikdi B，Yilmaz E. The effect of desliming by sedimentation on paste backfill performance［J］. Minerals Engineering，2003，16（10）：1009 – 1011.

［7］刘宝琛，廖国华．煤矿地表移动的基本规律［M］.北京：中国工业出版社，1965.

［8］刘天泉．矿山采动影响工程学及其应用［A］.世纪之交的煤炭科学技术学术年会论文集［C］.北京：煤炭工业出版社，1997.

［9］何国清，杨伦，凌赓娣，等，矿山开采沉陷学［M］.徐州：中国矿业大学出版社，1991.

［10］李增琪．计算矿山压力和岩层移动的三维层状模型［J］.煤炭学报，1994，19（2）：77 – 82.

［11］郭惟嘉，毛仲玉．覆岩沉陷离层及工程控制［M］.北京：地震出版社，1997.

［12］张庆松，高延法，李术才．矿山覆岩力学参数的三维位移反演方法研究［J］.金属矿山，2005（9）：26 – 31.

［13］易四海，郑志刚，滕永海．厚松散层条件下综放开采地表沉陷规律

与机理[J].煤矿开采，2011，16（4）：9－12.

[14] 黄乐亭，王金庄.地表动态沉陷变形的三个阶段与变形速度的研究
[J].煤炭学报，2006，31（4）：420－424.

[15] 钱鸣高，石平五.矿山压力与岩层控制[M].徐州：中国矿业大学
出版社，2003.

[16] 钱鸣高，缪协兴，许家林，等.岩层控制的关键层理论[M].徐州：
中国矿业大学出版社，2000.

[17] 刘天泉.矿山岩体采动影响控制工程学及其应用[J].煤炭学报，
1995，20（1）：160－163.

[18] 宋振骐.实用矿山压力与控制[M].徐州：中国矿业大学出版社，
1988.

[19] 姜福兴，张兴民，杨淑华，等.长壁采场覆岩空间结构探讨[J].岩
石力学与工程学报，2006，25（5）：979－984.

[20] 刘开云，乔春生，等.覆岩组合运动特征及关键层位置研究[J].岩
石力学与工程学报，2004，23（8）：1301－1306.

[21] 姚庆华.孤岛煤柱冲击地压危险性评价研究[D].青岛：山东科技
大学，2006.

[22] Sellers E J, Klerck P. Modeling of the effect of discontinuities on the ex-
tent of fracture zone surrounding deep tunnels[J]. Nneling and Under-
ground Space Technology, 2000, 15（4）：221－225.

[23] Edelbro C. Numerical modelling of observed fallouts in hard rock masses
using an instantaneous cohesion－softening friction－hardening model
[J]. Tunnelling and Underground Space Technology, 2009, 24（4）：
398－409.

[24] 潘卫东，汪昕，麻银斗.深部煤层开采中冲击地压的发生机理研究
[A].煤炭科学与技术研究论文集[C].北京：煤炭工业出版社，
2010，11：239－244.

[25] Durrheim R J, Handley M F, Hailen A, et al. Rockburst damage to tun-
nels in a deep South African gold mine caused by a M＝3.6 seismic event

[J]. In: Gibowicz, Lasocki, eds. Rockburst and Seismicity in Mines, Rotterdam: A A Balkema, 1997: 553 – 556.

[26] Diering D H. Ultra – Deep level mining – future requirements[J]. Urnal of the South African Institute of Mining and Metallurgy, 1997, 97（6）: 226 – 230.

[27] Hoek E, Carranza – Torres C, Corkum B. Hoek – Brown failure criterion: 2002 edition. In: Proceedings of the 5th North American Rock Mechanics Symposium [C]. Toronto: 2002: 267 – 273.

[28] Haijabdolmajid V, Kaiser P K, Martin C D. Modelling brittle failure of rock[J]. International Journal of Rock Mechanics and Mining Sciences, 2002, 39（6）: 731 – 741.

[29] Long J C S, Gilmour P, Witherspoon P A. A Model for Steady Fliud in Random Three Dimensional Networks of Disc – shaped Fracturesv Water Resources Res. 1985, 21（8）: 221 – 226.

[30] Manchao HE. Rockburst disasters in coal mine [J]. Global Geology, 2006, 9（2）: 121 – 123.

[31] Mansurov V A. Acoustic emission from failing rock behavior[J]. Rock Mechanics and Rock Engineering, 1994, 27（3）: 173 – 182.

[32] Elsworth D, Doe T W. Application of Non – linear Flow Laws in Determining Rock Fissure Geometry From Single Borehole Pumping Tests[J]. Int. J. Rock Mech. Min. Sci. &Geomech. Abstr. 1986, 23（3）: 245 – 254.

[33] Enever J R E, Henning A. The relationship between permeability and effective stress for Australian coal and its implications with respect to coal bed methane exploration and reservoir modeling[J]. Proceedings of the 1997 International Coal bed Methane Symposium. 1997, 13 – 22.

[34] Itasca Consulting Group Inc. Fast Lagrangian Analysis of Continua in 3 Dimensions User's Guide[J]. Minneapolis, Minnesota, USA: Itasca Consulting Group Inc. 2002: 642 – 648.

［35］ Itasca Consulting Group Inc. Universal Distinct Element Code User's Guide［J］. Version 4. 0. Minneapolis, Minnesota, USA：Itasca Consulting Group Inc. 2000：125 – 128.

［36］ 郭惟嘉. 覆岩沉陷离层发育的解析特征［J］. 煤炭学报, 2000, 25（S）：49 – 53.

［37］ 赵日峰. 山东煤矿冲击地压事故分析与防止措施［J］. 山东煤炭技术, 2007：1 – 4.

［38］ Shemyaki, Kurlenya, Kulakov. Classification of Rock Burst［J］. Soveit Mining Science, 1987, 7（22）：329 – 336.

［39］ Kidybinski. Stratacontrol in deep mines［M］. Rotterdam：A A Balkema, 1990.

［40］ Rajendra Singha, P. K. Mandala, A. K. Singha, Rakesh Kumara, J. Maitib and A. K. Ghosha. Upshot of strata movement during underground mining of athick coal seam below hilly terrain［J］. International Journal of Rock Mechanics and Mining Sciences, 2008, 45（1）：362 – 369.

［41］ 张绍忠, 张振国, 刘长水. 开滦煤炭深部开采冲击地压发生规律与监测技术研究［J］. 河北煤炭, 2011（2）：12 – 15.

［42］ 赵卫强, 孟晴. 国内外矿山开采沉陷研究的历史及发展趋势［J］. 北京工业职业技术学院学报, 2010, 1（9）：12 – 15.

［43］ 尹增德. 采动覆岩破坏特征及其应用研究［D］. 青岛：山东科技大学, 2007.

［44］ 汪华君. 四面采空采场"θ"型覆岩多层空间结构运动及控制研究［D］. 青岛：山东科技大学, 2005.

［45］ 陈寒秋, 焦向东. 失稳冲击诱发连续矿震原因分析及解危措施［J］. 中州煤炭, 2009（5）：86 – 90.

［46］ 史红, 姜福兴, 采场上覆岩层结构理论及其新进展［J］. 山东科技大学学报（自然科学版）, 2005, 24（1）：21 – 26.

［47］ 史红, 姜福兴. 综放采场上覆厚层坚硬岩层破断规律的分析及应用

[J].岩土工程学报,2006,28(4):525-528.

[48] 曹安业,窦林名,秦玉红,等.微震监测冲击矿压技术成果及其展望[J].煤矿开采,2007,12(1):20-23.

[49] 刘文生,范学理.覆岩离层产生机理及离层充填控制地表沉陷技术的工程实施[J].煤矿开采,2002,7(3):53-55.

[50] 谢和平.汶川大地震灾害与灾区重建的岩土工程问题[J].岩土力学与工程学报,2008,27(9):1782-1791.

[51] 赵善坤,李宏艳,刘军,等.深部冲击危险矿井多参量预测预报及解危技术研究[J].煤炭学报,2011,36(2):339-346.

[52] 陈世海,王恩元,史先奎,等.移动式煤岩电磁辐射监测系统[J].煤炭学报,2011,36(S1):137-141.

[53] 黄理兴.岩石动力学研究成就与趋势[J].岩土力学,2011,32(10):2889-2900.

[54] 窦林名,何学秋.冲击矿压防治理论与技术[M].徐州:中国矿业大学出版社,2001.

[55] 谭云亮,孙中辉,杜学东.冲击地压 AE 时间序列小波神经网络预测模型[J].岩土力学与工程学报,2000,19(S):1034-1036.

[56] 赵国荣.冲击地压的特征分析与治理措施[J].煤,2010,19(7):85-86.

[57] LippmannH. Theory of the collpased zone at the front of a coal seam and itseffect on translatory rock bursting[J]. Intenational Jomual for Nmuerical and Analytical Methods in Geomechanics, 1991, 15:317-331.

[58] Yanagidani T, Ehara S, Nishizava O, Kusunose K. Localization dilatancy in Oshirna granite under constant uniaxial stresses [J]. Geophys. Res. 90 (138):6840-6858.

[59] Papamichos E, Labuz J F, Vardoulakis I. A Surface Instability Detection Apparatus[J]. Rock Mechanics and Rock Engineering, 1994, 27 (1):37-56.

[60] Jia P C, Chouhan R K S. Long range rockburst prediction:A seismologi-

cal approach [J]. Rock Mech. Min. Sci. & Geomech. Abstr. 1994, 31 (1): 71 – 77.

[61] Srinivasan C, Arora S K, Yaji R K. Use of mining and seismological parameters as premonitors of rockbursts[J]. Rock Mech. Min. Sci. & Geomech. Abstr. 1997, 34 (6): 1001 – 1008.

[62] 张艳博，康志强，姜国虎，等. 巷道断层冲击地压数值模拟研究 [J]. 矿业研究与开发, 2008, 28 (2): 21 – 23.

[63] 章梦涛，徐曾和，潘一山. 冲击地压和突出的统一失稳理论[J]. 煤炭学报, 1991 (4): 48 – 53.

[64] 齐庆新，史元伟，刘天泉. 冲击地压粘滑失稳机理的实验研究[J]. 煤炭学报, 1997, 22 (2): 144 – 148.

[65] 费鸿禄，徐小荷，唐春安. 地下硐室岩爆的突变理论研究[J]. 煤炭学报, 1995, 20 (1): 29 – 33.

[66] 王春秋. 综放采场顶板事故及沉陷灾害预测与控制研究[D]. 青岛：山东科技大学, 2005.

[67] 唐春安. 岩石破裂过程中的灾变[M]. 北京：煤炭工业出版社, 1993.

[68] 刘玉海，陈志新，倪万魁. 西安地裂缝与地面沉降致灾机理及防治对策研讨[J]. 中国地质灾害与防治学报, 1994, 5 (S): 67 – 74.

[69] 徐曾和，徐小荷，唐春安. 坚硬顶板条件下煤柱岩爆的尖点突变理论分析[J]. 煤炭学报, 1995 (5): 485 – 491.

[70] Xie H, Pariseau W G. Fractal Character and Mechanism of Rock Burst [J]. Rock Meeh. Min, Sci. & Geomech. Abstr, 1993, 30 (4): 343 – 350.

[71] 彭永伟，齐庆新，毛德兵，等. 回采过程中煤层冲击危险性评价方法研究[J]. 煤矿开采, 2010, 15 (1): 1 – 3.

[72] 潘俊锋，齐庆新，毛德兵，等. 冲击矿压危险源及其层次化辨识 [J]. 煤矿开采, 2010, 15 (2): 4 – 7.

[73] 缪协兴，安里千，翟明华，等. 岩（煤）壁中滑移裂纹扩展的冲击

矿压模型[J].中国矿业大学学报，1999，28（2）：113－117.

[74] 潘立友，杨慧珠.冲击地压前兆信息识别的扩容理论[J].岩石力学与工程学报，2004，23（S1）：4528－4530.

[75] 姜耀东，赵毅鑫，何满潮.冲击地压机制的细观实验研究[J].岩石力学与工程学报，2007，26（5）：902－907.

[76] 陈学华.构造应力型冲击地压发生条件研究[D].沈阳：辽宁工程技术大学，2004.

[77] 秦昊.巷道围岩失稳机制及冲击矿压机理研究[D].徐州：中国矿业大学，2008.

[78] 鞠文君.急倾斜特厚煤层水平分层开采巷道冲击地压成因与防治技术研究[D].北京：北京交通大学，2009.

[79] 牟宗龙.顶板岩层诱发冲击的冲能原理及其应用研究[D].徐州：中国矿业大学，2008.

[80] 李志华.采动影响下断层滑移诱发煤岩冲击机理研究[D].徐州：中国矿业大学，2009.

[81] 陈国祥.最大水平应力对冲击矿压的作用机制及其应用研究[D].徐州：中国矿业大学，2009.

[82] 代高飞.岩石非线性动力学特征及冲击地压的研究[D].重庆：重庆大学，2002.

[83] 李洪.冲击矿压前兆信息的混沌预测及模式识别研究[D].青岛：山东科技大学，2006.

[84] 张文江，宋振骐，杨增夫，等.煤矿重大事故控制研究的现状和方向[J].山东科技大学学报（自然科学版），2006，25（1）：4－8.

[85] 郭惟嘉，常西坤，阎卫玺.深部矿井采场上覆岩层内结构形变特征分析[J].煤炭科学技术，2009，37（12）：1－4.

[86] 郭惟嘉，孔令海，陈绍杰，等.岩层及地表移动与冲击地压相关性研究[J].岩土力学，2009，30（2）：447－451.

[87] 轩大洋，许家林，冯建超，等.巨厚火成岩下采动应力演化规律与致灾机理[J].煤炭学报，2011，36（8）：1252－1257.

[88] 王利，张修峰．巨厚覆岩下开采地表沉陷特征及其与采矿灾害的相关性[J]．煤炭学报，2009，34（8）：1048－1051．

[89] 姜福兴，XunLuo，杨淑华．采场覆岩空间破裂与采动应力场的微震探测研究[J]．岩土工程学报，2003，25（1）：23－25．

[90] 姜福兴，杨淑华，XunLuo．微地震监测揭示的采场围岩空间破裂形态[J]．煤炭学报，2003，28（4）：357－360．

[91] 姜福兴．采场覆岩空间结构观点及其应用研究[J]．采矿与安全工程学报，2006，23（1）：30－33．

[92] 王存文，姜福兴，孙庆国，等．基于覆岩空间结构理论的冲击地压预测技术及应用[J]．煤炭学报，2009，34（2）：150－154．

[93] 苏仲杰．采动覆岩离层变形机理研究[D]．沈阳：辽宁工程技术大学，2001．

[94] 张庆松．覆岩移动及离层规律的数值仿真与非线性预计方法研究[D]．泰安：山东科技大学，2002．

[95] 郭惟嘉，徐方军．覆岩体内移动变形及离层特征[J]．矿山测量，1999，（3）：36－38．

[96] 郝君良，郭惟嘉，尹立明．深井覆岩体结构形变分带（区）性研究[J]．山东科技大学学报（自然科学版），2009，28（4）：17－21．

[97] 滕永海，阎振斌．采动过程中覆岩离层发育规律的研究[J]．煤炭学报，1999，24（1）：25－28．

[98] 刘文生，范学理，赵德深．覆岩离层充填技术的理论基础与工程实施[J]．辽宁工程技术大学学报，2001，20（2）：135－137．

[99] 刘立，梁伟，李月，等．岩体层面力学特性对层状复合岩体影响[J]．采矿与安全工程学报，2006，23（2）：187－191．

[100] 谢飞鸿，孙伟，刘京学．层状复合顶板巷道稳定性分析[J]．兰州交通大学学报，2009，28（3）：12－16．

[101] 吴德义，闻广坤，王爱兰．深部开采复合顶板离层稳定性判别[J]．采矿与安全工程学报，2011，28（2）：252－256．

[102] 王素华．采场覆岩离层发育规律与注浆减沉机理研究[D]．青岛：

山东科技大学，2008.

[103] 杨科，谢广祥，常聚才. 不同采厚围岩力学特征的相似模拟实验研究[J]. 煤炭学报，2009，30（12）：1446-1451.

[104] 吴洪词，张小彬，包太，等. 采动覆岩活动规律的非连续变形分析动态模拟[J]. 煤炭学报，2001，26（5）：486-492.

[105] 翟新献. 放顶煤工作面顶板岩层移动相似模拟研究[J]. 岩石力学与工程学报，2002，21（11）：1667-1671.

[106] 崔希民，缪协兴，苏德国，等. 岩层与地表移动相似材料模拟试验的误差分析[J]. 岩石力学与工程学报，2002，21（12）：1827-1830.

[107] 张建全，戴华阳. 采动覆岩应力发展规律的相似模拟实验研究[J]. 矿山测量，2003（4）：49-52.

[108] 史俊伟，朱学军，孙熙正. 巨厚砾岩诱发冲击地压相似材料模拟试验研究[J]. 中国安全科学学报，2013，23（2）：117-122.

[109] 郭惟嘉，李杨杨，范炜琳，等. 岩层结构运动演化数控机械模拟试验系统研制及应用[J]. 岩石力学与工程学报，2014，33（S2）：3776-3782.

[110] 谢广祥. 综放工作面及其巷道围岩三维力学场特征研究[D]. 北京：中国矿业大学，2004.

[111] 洪嘉振. 计算多体系统动力学[M]. 北京：高等教育出版社，1998.

[112] 崔玉柱. 连续与非连续介质的数值模拟与拱坝-地基系统安全分析[D]. 北京：清华大学，2001.

[113] 张冲，金峰，侯艳丽. 三维简单变形体离散元方法[J]. 岩土工程学报，2007，29（2）：159-163.

[114] 王泳嘉，邢纪波. 离散单元法及其在岩土力学中的应用[M]. 沈阳：东北工学院出版社，1991.

[115] 崔希民，陈立武. 沉陷大变形动态监测与力学分析[M]. 北京：煤炭工业出版社，2004.

［116］林海飞，李树刚，成连华，等．基于薄板理论的采场覆岩关键层的判别方法［J］.煤炭学报，2008，33（10）：1081-1086.

［117］徐平，郭文兵，张敏霞．控制采动区桥梁移动变形方法研究［J］.采矿与安全工程学报，2011，28（3）：425-429.

［118］谭志祥，杨怀勇，邓喀中．采动铁路桥移动变形规律实测研究［J］.采矿与安全工程学报，2011，28（3）：425-429.

［119］谭志祥，杨怀勇，邓容中．采动铁路桥移动变形规律实测研究［J］.采矿与安全工程学报，2007，24（2）：243-247.

［120］腾秀元，李厚海，杨晋，等．某钢筋混凝土空心板桥的检测及加固建议［J］.工程抗震与加固改造，2011，33（1）：89-93.

［121］徐平，郭文兵，张敏霞．控制采动区桥梁移动变形方法研究［J］.采矿与安全工程学报，2011，28（3）：425-429.

［122］夏军武，于广云，吴侃．采动区桥体可靠性分析及抗变形技术研究［J］.煤炭学报，2005，30（1）：17-21.

［123］冯涛，袁坚，刘金海，等．建筑物下采煤技术的研究现状与发展趋势［J］.中国安全科学学报，2006，16（8）：119-123.

［124］栾元重．采动桥梁变形分析［J］.矿山测量，2001，（4）：56-57.

［125］彭红美．几种桥梁加固方法的总结［J］.城市道桥与防洪，2011，5：156-158.

［126］程久龙，于师建，郭惟嘉．地表隐伏斑裂的综合地球物理方法探测研究［J］.矿山测量，1999，（3）：47-50.

［127］朱学军，赵铁鹏，郭惟嘉．厚硬覆岩地表移动斑裂产生判据研究［J］.煤炭科学技术，2013，41（6）：26-28.

［128］石强，潘一山，李英杰．我国冲击矿压典型案例及分析［J］.煤矿开采，2005，10（2）：13-17.

［129］Vogel M. Andrast H. P. Alp Transit - safety in construction as a challenge, health and safety aspects in very deep tunnel construction［J］. Tunneling and Under Ground Space Technology, 2000, 15（4）: 481-484.

［130］ Vermeulen P D, Usher B H. An investigation into recharge in South African underground collieries［J］. Journal of The South African Institute of Mining and Metallurgy, Vol. 106, No. 11, 2006：252 - 256.

［131］ Holla L. Ground movement due to longwall mining in high relief areas in New South Wales［J］. Australia, Rock Mech Min Sci 34 (5), 1997：361 - 365.

［132］ 何烨, 才庆祥, 窦林名, 等. 济宁二号矿孤岛工作面冲击矿压危险及其控制［J］. 岩石力学, 2003, 24 (S)：573 - 587.

［133］ 赵日峰. 煤矿重大事故控制及冲击地压防治［M］. 北京：中国文联出版社, 2008.

［134］ 王宏图, 许江, 魏福生, 等. 煤岩体冲击倾向性指标评价［J］. 矿山压力与顶板管理, 1999, 3 (4)：204 - 211.

［135］ 中华人民共和国行业标准编写组. MT/T 174—2000 煤层冲击倾向性分类及指数的测定方法 ［S］. 北京：中国标准出版社, 2000.

［136］ 中华人民共和国行业标准编写组. MT/T 866—2000 岩石冲击倾向性分类及指数的测定方法 ［S］. 北京：中国标准出版社, 2000.

［137］ Carlisle, Scott P. New microseismic monitoring system Enables Rabid Analysis of Rock Burst Precursors at Hecla's Lucky Friday Mine［J］. Proceedings - Symposium on Rock Mechanics, 1983, 30 (1)：45 - 652.

［138］ Graca, Ludwik, Kempny, Feliks, Mitrega, Piotr. Mining Work Carried Out Under Conditions of Rock Burst Hazards in Seam 510 at the Wujek Coal Mine［J］. Przeglad Gorniczy. Feb 1980, 40 (6)：73 - 79.

［139］ Franasik, Kazimierz, Szecowka, Zdzislaw; Abatement of Rock - Burst Hazards in the Deep Copper Mines［J］. Przeglad Gorniczy, 1974, 133 (11)：68 - 73.

［140］ Hirata A, Kameoka Y, Hirano T. Safety management based on detection of possible rock bursts by AE monitoring during tunnel excavation

[J]. Rock Mechanics and Rock Engineering, December 2007, 24 (2): 563 –576.

[141] Klammer, Gerhard. Thickness of the strata involved in a rock burst [J]. Glueckauf: Die Fachzeitschrift fur Rohstoff, Bergbau und Energie. 1989, 133 (11): 95 –104.

[142] Marcak, Henryk. A geophysical model for the analysis of seismic emissions in the area of rock beam splitting caused by mining operations[J]. New Technological Solutions in Underground Mining International Mining Forum, 2006: 73 –86.

[143] Latham R S, Wooten R M. Cattanach, B. L. Merschat, C. E. Bozdog, G. N. Rock slope stability analysis along the North Carolina section of the Blue Ridge Parkway: Using a geographic information system (GIS) to integrate site data and digital geologic maps [C]. 43rd U. S. Rock Mechanics Symposium and 4th U. S. – Canada Rock Mechanics Symposium, 2009.

[144] Ma X M, Peng H, Li JS. In situ stress state in engineering area of Dali – Lijiang railway and its impact on the railway project [J]. Proceedings of the International Young Scholars' Symposium on Rock Mechanics – Boundaries of Rock Mechanics Recent Advances and Challenges for the 21st Century, 2008: 19 –22.

[145] Grandori, Remo Bieniawski, Vizzino Z T, Dario, Lizzadro, Luca, Romualdi, Paolo, Busillo, Aristodemo. Hard rock extreme conditions in the first 10km of TBM – driven Brenner exploratory tunnel[J]. Proceedings – Rapid Excavation and Tunneling Conference, 2011: 667 –685.

[146] He M C, Miao J L, Feng J L, Rock burst process of limestone and its acoustic emission characteristics under true – triaxial unloading conditions[J]. International Journal of Rock Mechanics and Mining Sciences, 2010, 47 (2): 286 –298.

[147] Klammer, Gerhard, Optimization of rock burst prevention measures

[J]. Gluckauf: Die Fachzeitschrift fur Rohstoff, Bergbau und Energie, 1993, 129 (11): 865 – 867.

[148] Wang J A, Park H D. Comprehensive prediction of rock burst based on analysis of strain energy in rocks[J]. Tunnelling and Underground Space Technology, 2001, (16): 49 – 57.

[149] 潘岳, 王志强, 李爱武. 岩石失稳破裂的综合刚度和综合能量准则[J]. 岩土力学, 2009, 30 (12): 3671 – 3677.

[150] 邰英楼, 王来贵, 章梦涛. 冲地压的分类研究[J]. 煤矿开采, 1998, (1): 27 – 28.

[151] 王来贵, 潘一山, 章梦涛. 采掘诱发地震的成因及对策[J]. 中国安全科学学报, 1996, 6 (3): 40 – 43.

[152] 王来贵, 黄润秋, 张倬元, 等. 岩石力学系统运动稳定性问题及其研究现状[J]. 地球科学进展, 1997, 12 (3): 236 – 240.

[153] 邹德蕴. 煤岩体蠕变失稳及预测方法[M]. 北京: 煤炭工业出版社, 2012.

[154] 窦林名, 许家林, 陆菜平, 等. 离层注浆控制冲击矿压危险机理探讨[J]. 中国矿业大学学报, 2004, 33 (2): 145 – 149.

[155] 张宗文, 安伯义, 刘金亮. 千米深井强冲击倾向煤层的冲击地压防治技术[J]. 煤炭科学技术, 2010, 38 (7): 17 – 20.

[156] 潘一山, 章梦涛. 冲击地压失稳理论的解析分析[J]. 岩石力学与工程学报, 1996, 15 (S): 504 – 510.

[157] 牟会宠. 岩移与塌陷[M]. 北京: 地震出版社, 1992.

[158] 陈尚本, 安伯义. 冲击地压预测预报与防治成套技术研究[J]. 山东科技大学学报 (自然科学版), 2010, 29 (4): 63 – 66.

[159] 滕永海, 阎振斌. 采动过程中覆岩离层发育规律的研究[J]. 煤炭学报, 1999, 24 (1): 25 – 28.

[160] 郭惟嘉. 覆岩离层带注浆充填基本参数研究[J]. 煤炭学报, 2000, 25 (6): 602 – 606.

[161] 王素华, 高延法, 傅志亮. 煤矿覆岩离层注浆减缓地表沉降技术

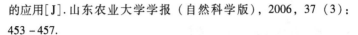
的应用[J].山东农业大学学报（自然科学版），2006，37（3）：453－457.

[162] 朱学军，魏中举，赵铁鹏．离层注浆技术在冲击地压防治中的应用[J].中国矿业，2011，20（11）：67－70.

[163] 杨洪波．体外预应力法在连续梁桥加固中的应用研究[D].大连：大连理工大学，2006.

[164] 李新乐，窦慧娟．钢筋混凝土桥墩顶帽竖向开裂原因分析及加固对策[J].铁道建筑，2007，（8）：16－19.

[165] 宁夏元．高压旋喷注浆在桥台基础中的应用研究[D].长沙：湖南大学，2007.

[166] 张宗文，王元杰，赵成利，等．微震和地音综合监测在冲击地压防治中的应用[J].煤炭科学技术，2011，39（1）：44－47.

[167] 赵毅鑫，姜耀东，王涛，等．"两硬"条件下冲击地压微震信号特征及前兆识别[J].煤炭学报，2012，37（12）：1960－1966.

图书在版编目（CIP）数据

巨厚覆岩运移规律与冲击灾害防治研究／朱学军等著．－－北京：煤炭工业出版社，2017

ISBN 978 - 7 - 5020 - 6110 - 4

Ⅰ.①巨… Ⅱ.①朱… Ⅲ.①特厚煤层—矿山开采—岩层移动—研究 ②煤矿—冲击地压—防治—研究 Ⅳ.①TD32

中国版本图书馆 CIP 数据核字（2017）第 228985 号

巨厚覆岩运移规律与冲击灾害防治研究

著　　者	朱学军　魏中举　张宗文　陈绍杰
责任编辑	尹忠昌
编　　辑	康　维
责任校对	姜惠萍
封面设计	罗针盘公司

出版发行	煤炭工业出版社（北京市朝阳区芍药居 35 号　100029）
电　　话	010 - 84657898（总编室）
	010 - 64018321（发行部）　010 - 84657880（读者服务部）
电子信箱	cciph612@ 126. com
网　　址	www. cciph. com. cn
印　　刷	北京京华虎彩印刷有限公司
经　　销	全国新华书店

开　　本	880mm × 1230mm$^1/_{32}$　印张　$10^1/_4$　字数　240 千字		
版　　次	2017 年 12 月第 1 版　2017 年 12 月第 1 次印刷		
社内编号	8990　　　　　定价　39.00 元		
